地理学综合实验实习指导丛书

地质地貌学实验实习教程

主　编　卢炳雄

副主编　李　娜　官　珍　申希兵　李素霞

WUHAN UNIVERSITY PRESS

武汉大学出版社

图书在版编目(CIP)数据

地质地貌学实验实习教程/卢炳雄主编;李娜等副主编.—武汉:武汉大学出版社,2022.10
地理学综合实验实习指导丛书
ISBN 978-7-307-23301-0

Ⅰ.地… Ⅱ.①卢… ②李… Ⅲ.①地质学—实验—教育实习—教材 ②地貌学—实验—教育实习—教材 Ⅳ.①P5-33 ②P931-33

中国版本图书馆 CIP 数据核字(2022)第 163166 号

责任编辑:王 荣 责任校对:汪欣怡 版式设计:马 佳

出版发行:**武汉大学出版社** (430072 武昌 珞珈山)
(电子邮箱:cbs22@whu.edu.cn 网址:www.wdp.com.cn)
印刷:武汉中科兴业印务有限公司
开本:720×1000 1/16 印张:7 字数:136 千字 插页:1
版次:2022 年 10 月第 1 版 2022 年 10 月第 1 次印刷
ISBN 978-7-307-23301-0 定价:32.00 元

地理学综合实验实习指导丛书

编 委 会

黄远林　张士伦　李素霞　申希兵　龙海丽
卢炳雄　莫小荣　林俊良　覃伟荣　刘　敏
白小梅　李　娜　官　珍　王华宇　程秋华
覃雪梅　韦东红

特 别 鸣 谢

曾克峰　刘　超

总　序

地理科学专业以应用性与科学性为指导，是研究地理要素或者地理综合体空间分布规律、时间演变过程和区域特征的一门学科，是自然科学与人文科学的交叉学科，具有综合性、交叉性和区域性的特点，具有较强的实践性及应用性。

北部湾大学资源与环境学院《地理学综合实验实习指导丛书》是在地理科学专业人才培养要求下编写的，注重培养学生的实践能力及野外操作能力，包括土壤地理学、植物地理学、地质地貌学、水文气候学、人文与经济地理学等方面，同时也是北部湾大学地理科学专业对应课程实验、实习配套指导书。

学校立足北部湾，服务广西，面向东盟，服务国家战略和区域经济发展，致力于把学生培养成为具有较强的实践能力、创新能力、就业创业能力，具有国际视野、高度社会责任感的新时代高素质复合型、应用型人才。本丛书结合学校定位，充分挖掘地方特色和专业需求，通过连续两个暑假的野外实习路线和用人单位实际调研及长达 40 多年的实际教学，累积了大量的野外教学观测点和实验实习素材，掌握了用人单位之所需，体现了人才培养方案之所用。

为了丛书的编写质量，北部湾大学资源与环境学院成立了专门的丛书编委会、专家指导委员会及每种指导书的编撰团队，以期为丛书的顺利出版打下基础。

本丛书的出版要特别感谢中国地质大学（武汉）曾克峰教授、刘超教授及其团队的指导，他们连续两个暑假亲自带队调研，确定野外实习路线，亲自修改每一种指导书的初稿。没有他们的付出，就没有丛书的形成，衷心感谢曾教授及其团队的无私奉献和"地理人"的执着努力。同时对北部湾大学教务处、毕业生就业单位以及野外实习单位所涉及的工作人员一并表示感谢。

编　者

前　言

　　地理科学是一门探索自然规律、昭示人文精华的经世致用的学科，野外实践课程是改学科人才培养的特色与关键环节。"读万卷书，行万里路"，野外实践能突破课堂教学中学生对地理现象与地理事物缺乏整体性认知的缺陷，在野外自然环境中创设教学情境，高效地掌握专业知识，更在野外艰苦教学环境中磨炼学生的意志品质。

　　地质地貌学是一门实践性很强的基础科学，是地理科学（师范）的核心专业课，要学好地质地貌学，野外实习是十分必要的教学环节。教科书上我们能够识别出的矿物岩石特征以及地貌类型往往是典型化、模式化的，实际自然界中的地质现象和地貌类型复杂多变，初学者很难在野外识别出书本上已经十分熟悉的地质地貌特征。因此，必须组织学生参加野外实习，把抽象的地质地貌理论与实际的现象结合起来，真正理解和掌握从书本上学到的地貌知识。本教材着眼于培养学生地质学基础和地貌学方面的动手能力、观察能力，利用课本抽象概念解释现实复杂地质现象的能力。内容包括两大部分，第一部分是室内的实验分析，第二部分是野外见习。室内的实验分析部分主要是识别各类岩石矿物类型，通过常用的物理方法鉴别矿物的宏观形态特征，实验包括有白色无釉瓷板上擦划条痕、小刀刻画、色谱对比等方法，矿物岩石的显微特征主要通过单偏光显微镜观察分析，再结合矿物岩石的结构、构造等特征鉴别岩石类型。野外见习部分确定 6 个实习点，分别代表不同的地质地貌特征，在五皇山地质公园学习花岗岩的形态特征及花岗岩台地地貌特征，东兴怪石滩是基岩为砂岩的侵蚀海岸地貌，十万大山和八寨沟是山间河流地貌，通灵大峡谷和乐业天坑是喀斯特地貌，涠洲岛地质公园是火山地貌，三娘湾是基岩为花岗岩的侵蚀海岸地貌。同时，教材还陈述了广西北部湾地区的地质概况。本教材与"地质学基础"和"地貌学"两门课程教材配套使用。

　　本书适合北部湾地区地理科学师范方向学生作为野外实习教材或者参考书，也适合相关专业人员阅读参考。

目　　录

第1章　广西北部湾地区概况

1.1　北部湾区域自然地理环境简介

广西壮族自治区地处中国南部，位于北纬 $20°54'—26°23'$，东经 $104°29'—112°04'$ 之间。南临北部湾，与海南省隔海相望，东连广东省，东北接湖南省，西北靠贵州省，西临云南省，西南与越南毗邻，国境线跨 8 个县（市），国界线长 637km。

广西地理位置优越，集沿海、沿边、沿江优势于一体，水陆交通便利。北海、钦州、防城港 3 个港口有万吨级以上泊位 20 个，年吞吐能力 $1.994×10^7t$。内河港口年吞吐能力 $3.052×10^7t$，广西已成为大西南最便捷的出海通道。广西跨云贵高原东南一隅，地势西北高、东南低，地形以丘陵山地为主，四周山岭绵延，中部岩溶丘陵、平原广布，形成广西盆地。北部湾海域面积约 $1.293×10^5km^2$，海岸线东起粤桂交界处的英罗港，西至中越边境的北仑河口，长达 1595km。

由于地质史上复杂的升降运动，广西海岸较为曲折，海岸线长约等于其直线距离的 8 倍。海岸类型较为复杂：南流江口及钦江口为三角洲型海岸，洲岛密布并发育水下沙洲；铁山港、大风江口、茅岭江口及防城河口，为典型的溺谷海岸，海水可深入离海滨数十千米的谷地中；钦州和防城港两市沿海，主要为山地型海岸，特点是山地直临海岸，海岸线特别曲折；北海市与合浦县营盘一带的海岸属台地型海岸，台地逼近海岸，海岸线比较平直，因台地受海水侵蚀成为海崖，崖前有沙堤和海滩。沿岸低丘有的没入海中形成暗礁，有的露出水面而成为岛屿，岬角与港湾交替出现。

广西沿岸入海河流主要有南流江、钦江、大风江、防城江、北仑河等。其中南流江是广西沿岸入海河流中最大的河流，南流江自西向东分成南干江、南西江、南东江、南洲江四支汊道流入廉州湾，年总径流量约为 $5.13×10^9m^3$，年入海泥沙约 $1.18×10^6t$。大风江多年平均输沙量仅为 $1.18×10^5t$，比南流江小得多，而外海带来的物质也是很少的。

沿海滩涂广阔，面积达 113 万亩。广西三角洲分布于南流江及钦江下游，南流江三角洲是广西最大的三角洲。三角洲向外堆积旺盛，故外缘洲岛甚多。沿海有大

1

小岛屿 800 多个，有的因为围海造田和筑堤引水，已与大陆相连，海岛变成半岛。除涠洲、斜阳为火山岛外，其余均为大陆岛。斜阳岛面积为 $1.7km^2$，是广西纬度最低的地方。涠洲岛面积约 $26km^2$，是广西最大的岛屿。

北部湾海底较平坦（坡度小于 $2°$），暗礁极少；北部湾一般水深 $20 \sim 35m$，风浪较小；北部湾盛产珍珠——南珠，渔业和石油资源也非常丰富，产业前景广阔。

1.2　北部湾地层与沉积

从地质构造上看，北部湾海域位于欧亚板块、太平洋板块和印度洋板块的交汇处，即为"三叉点"。横穿北部湾的红河活动断裂带是主要活动构造带之一，北部湾沉积盆地分布于其中。

广西沿海地区属新华夏构造体系第三沉降带，地层从早古生界至第四系发育比较齐全。按沉积特点，其发展历史可分为三个阶段：前泥盆纪的地槽型沉积、晚古生代（泥盆纪—中二叠世）准地台沉积和中新生代（新近纪—第四纪）陆缘活动带盆地型沉积。

广西前泥盆系在沿海地区出露于钦州和防城港一带。志留系在东兴、钦州、玉林、容县、岑溪一带较为发育，主要为含丰富笔石化石的砂岩、页岩、砂质页岩等，底部为沉积砾岩。沿海近岸地区的代表地层为：下志留统古墓组，主要为细砂岩、岩屑砂岩、粉砂岩与页岩互层，夹少量含砾砂岩，富含笔石动物群；中志留统合浦组，主要为富含笔石动物群的泥质粉砂岩、粉砂质页岩与页岩互层，中间夹少量细粒石英砂岩；上志留统防城组，主要为粉砂岩、细砂岩夹页岩。各组地层之间的接触关系为整合接触。

晚古生代地层（泥盆系—中二叠统）以浅海台地相碳酸盐岩为主，兼有盆地硅质岩及陆相碎屑岩等。早泥盆世沉积多由深海—半深海相地层组成，以碳酸盐岩为主；石炭纪受制于海侵—海退旋回，呈现反复叠覆的陆缘碎屑岩—碳酸盐岩—薄层碳酸盐岩与硅质岩互层—硅、泥质岩的组合序列；早二叠世与下覆地层呈不整合接触，岩层在空间上依次出现陆缘碎屑岩（含煤）、碳酸盐岩、薄层碳酸盐岩夹硅质岩；晚二叠世的东吴运动造成与早二叠世地层不整合，依次出现海陆交互相碎屑岩（含煤）、滨海相碎屑岩（含煤）、硅质岩、碳酸盐岩、薄层灰岩夹硅质岩和深水盆地的硅泥质岩；早、中三叠世沉积继承晚二叠世以来的格局，依次出现碎屑岩（浅水沉积）、泥质灰岩、碎屑岩（深水沉积）以及碳酸盐岩。

中—新生代地层（下三叠统—第四系）中的下三叠统以盆地相沉积的泥岩夹灰岩为主；中三叠统基本上为具复理石特征的槽盆相陆缘碎屑浊积岩，底部夹中酸性火山碎屑岩或夹泥砾岩；中三叠世末的印支运动使晚三叠世地层转为海陆交互相或陆相沉积的灰绿—灰黑色碎屑岩，底部常出露花岗碎屑岩。

侏罗纪地层早期以泥质岩或砂岩为主，局部形成含煤建造。晚白垩世早期多为沉积较厚的粗碎屑岩和火山岩流、火山碎屑岩；晚期主要为陆缘碎屑砂、泥岩。沿海近岸地区第四系广泛分布，但很零星，以河流冲积、溶余堆积、残积、残坡积、坡积、洪积、洪冲积等沉积物为主，部分地区出现海积沉积，地层为砂砾层、砂质黏土层、泥炭土层、砂质淤泥层、基性火山岩（玄武岩）层。

总体，广西北部湾地区出露的志留系以上地层，以沉积岩为主。主要有古生界的志留系和泥盆系、中生界的二叠系和白垩系、新生界的第四系。第四系主要为：早更新统湛江组的含砾粉细砂岩、砂质泥、砂质黏土层，中更新统北海组的亚砂土、砂泥层，全新统的含砾砂层、砂质泥层、泥质砂层、粗中砂、中细砂、粉砂质黏土和淤泥。海底现代沉积物以粉砂质黏土和黏土质粉砂为主，全新统沉积厚度为 1~23.6m。

1.3　北部湾地区构造运动

广西北部湾地区自中元古代以来，共发生 20 余次构造运动，其中以四堡运动、广西运动、东吴运动、印支运动及燕山运动最强烈，是具有造山性质的运动。区内岩浆活动频繁，构造形变以断裂构造为主。沿海地区地处中国东南部大陆边缘活动带的西南端，位于欧亚板块、太平洋板块和印度洋板块交汇处。

由于经历了多次构造运动，且每次构造运动相应形成了一系列深度、规模和性质都有差异的断裂带，同时断裂带之间互相切割和控制，造成断裂构造的复杂性。

沿海断裂有 NE 向、NW 向、EW 向和 SN 向四组，主要有：NE 向的钦防-灵山断裂带（F2）、合浦-博白断裂带（F3）；NW 向的钦州湾断裂带（F4）、百色-铁山港断裂带（F5）、犀牛脚-北海断裂带（F16）、靖西-崇左断裂带（F17）；近 EW 向的断裂有那丁断裂（F10）；SN 向断裂一般为小断裂。其中，NE 向断裂带规模和范围最大，多被 NW 向断裂切割并错动，表明 NW 向断裂生成较晚（图 1-1）。

1.3.1　NE 向断裂带

NE 向断裂组为华夏构造体系，其特征为压扭性构造形迹，规模较大，动力变质明显，以中生代活动最强烈，组成了地堑式断裂系统。

1. 钦防-灵山断裂带（F2）

钦防-灵山断裂带规模较大，影响范围广，北与博白-梧州断裂汇合，沿十万大山和六万大山北侧延伸，经灵山、钦州、防城港至东兴，进入北部湾。其宽达 30km，长 700km 以上，深度 25km 左右，在沿海地区的宽度为 5~25km。基本走向为 NE40°~50°，倾向 SE，倾角 70°~80°。

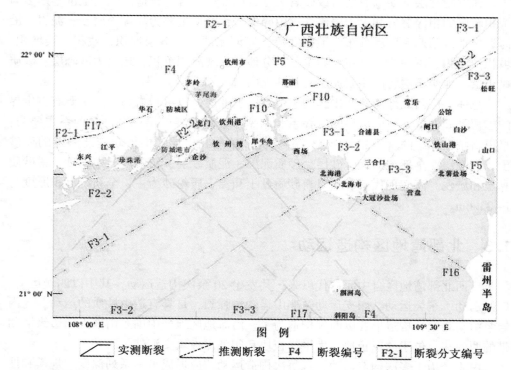

F2：钦防-灵山断裂带；F3：合浦-博白断裂（南流江断裂带）；F4：钦州湾断裂带；F5：百色-铁山港断裂带（超百色-合浦断裂带或称右江断裂带南支）；F10：那丁断裂带；F16：犀牛脚-北海断裂带；F17：靖西-崇左断裂带

图 1-1 广西沿海地区区域地质构造图

　　该断裂带由两条相互平行的主干断裂-马路-平吉断裂（F2-1）及防城-久隆断裂（F2-2）和 9 条大致平行展布的次级断裂组成，被一系列 NW 向张剪性断层错断和复杂化。沿断裂带出露有志留系、泥盆系、上三叠统海相复理石建造，侵入岩有华力西至燕山期的花岗岩、花岗斑岩、岩株、岩脉，新近纪出现中—酸性火山碎屑岩、凝灰岩。

　　断裂带早期整体呈压扭性活动，两侧的破碎带、透镜体及糜棱岩化、片理化带极为发育；晚期正断与逆断活动交替出现，出现张性充填硅质岩脉、水平扭动擦痕。钦州湾一带的海岸、海湾和岛屿形态受此断裂控制，均显示十分平直和受到挤压破碎，NE 向线性和带状形迹明显。

　　该断裂带起始于晚古生代的华力西运动，侵入的花岗岩体的同位素钾-氩法测年为距今 2.57 亿年。根据地质标志、地震和大地测量资料综合分析，该断裂带自晚古生代以来均有活动，说明防城-灵山断裂带是一条孕震构造带。活动以燕山早期最强，直接控制着沉积相、岩浆活动与中新生代断陷盆地的建造，西南端强烈断陷，形成钦州、江平等侏罗系构造盆地。

防城-灵山断裂带在中更新世以来（约 100 万年）一直在活动，最新活动年龄为 1500 年，说明该断裂带在第四纪以来一直在活动。史料记载，历史上发生过有感地震 61 次，其中，6 级以上地震 1 次，5 级以上地震 1 次，4.75 级以上地震 5 次，1936 年、1958 年、1974 年，在灵山附近分别发生过 6.75 级、4.1 级、5.75 级地震。1970—1994 年共发生微震（$M < 4.0$）200 余次。这说明防城-灵山断裂带是一条孕震构造带。

2. 合浦-博白断裂带（F3）

合浦-博白断裂带（或称南流江断裂带），自合浦经博白、玉林至北流延伸，南西端进入北部湾海域，长 350km 以上，深约 22km。总体走向呈 NE50°~60°，倾向南东，倾角 10°~80°。断裂所经之处为南流江河谷低地，水系受断裂控制。其北西侧有高达上千米的六万大山和大容山，南东侧有云开大山，地貌反差十分明显，断层山、断层崖以及洪积扇极为发育。断裂带主要由合浦-博白断裂、北海-东平断裂、福成-东平断裂三条平行的主干断裂以及几条次级断裂组成。

该断裂带自加里东后期开始活动，在广西运动中得到进一步加强，华力西期活动减弱，但至东吴运动期又发生强烈活动，引起海岸带中部地层褶皱和局部倒转。燕山早期为压性活动，沿断裂活动发生强烈拗陷，形成许多长条状断陷盆地，两侧岩石受挤压强烈破碎，角砾岩、透镜体、糜棱岩化带及片理化带发育；之后呈正、逆断交替活动，岩层的揉皱、破碎、硅化及张性脉体较发育，出现那车垌岩体侵入，该岩体的年龄（同位素钾-氩法测定）为距今 9000 万年；燕山运动晚期以来，该断裂带一直在强弱不等地持续活动，直接控制着合浦盆地的形成和发展。

自燕山晚期至喜马拉雅期，由合浦断裂坳陷而形成的合浦盆地，沉积物厚 4000m 以上，并有中酸性岩浆喷发。地质资料显示，在中更新世以来（约 100 万年），该断裂带一直在活动，最新活动年龄为 21.07 万年，说明第四纪以来一直在活动。且该断裂带迄今仍未平静，近期仍有小震记录。据史料记载，历史上发生过有感地震 60 余次，其中，6 级以上地震 1 次，5 级以上地震 3 次，4.75 级以上地震 13 次，1970—1994 年共发生微震（$M < 4.0$）180 余次，近期也有小震记录。

1.3.2 NW 向断裂带

NW 向断裂组为张扭性结构，规模较 NE 向断裂带小。受这两个断裂带影响，其他小构造也比较发育。NW 向断裂带主要包括：钦州湾断裂带（F4）、百色-铁山港断裂带（F5）、犀牛脚-北海断裂带（F16）、靖西-崇左断裂带（F17）等。

1. 钦州湾断裂带 (F4)

该断裂沿钦州湾以 320° 走向分布，在钦州港见挤压的陡立地层。据地球物理探测资料显示，断裂向 SW 延伸至涠洲岛、斜阳岛。在涠洲岛，第四纪火山活动发育于该断裂带上，同时该断裂带与 NE 向断裂带交会点，发生多次地震活动，但震级较小，能量较弱。1970—1994 年，沿该断裂带及其与 NE 向断裂带的交会处，共发生微震（$M<4.0$）30 多次，涠洲岛附近于 1994 年和 1995 年发生 6.1 级、6.2 级两次地震。

2. 百色-铁山港断裂带 (F5)

百色-铁山港断裂带属百色-合浦断裂带（又叫作右江断裂带）南支的一段。断裂总体走向为 310°~320°，倾向 SW，倾角 60°~70°，断裂带多由角砾岩、糜棱岩、硅化岩及断层泥胶结的碎屑物质组成。断层具正、逆兼有左行扭动性质。

该断裂带在第四纪发生较为强烈的火山活动，如新圩、烟墩等处的第四纪火山口且其沉积物就分布在断裂带。

3. 靖西-崇左断裂带 (F17)

靖西-崇左断裂带西北起自云南富宁，经广西的靖西、大新，过崇左后撒开，由钦州、防城一带进入北部湾。新生代以来该断裂带活动明显，是北部湾新生代盆地的东北边界和次级盆地的控制断层，垂直差异运动显著。测年资料表明，断裂在距今 25 万年前有过明显活动。断裂左旋断错一系列山脊和第四纪台地，是一条同时具走滑和垂直差异运动的活动断裂带。在断裂带的西段曾发生过 5.5 级和 5.7 级地震，沿断裂带 2~4.5 级地震时有发生。

4. 犀牛脚-北海断裂带 (F16)

根据资料（莫永杰，1996）显示，犀牛脚-北海断裂带 (F16) 仅为推测断裂带，没有沿 NW 方向追踪到陆地。此次海上调查发现了其海底踪迹，证实了该断裂带的存在。

1.3.3　近 EW 向断裂带

近 EW 向断裂规模较小，主要分布在沿海地区中部的那丁一带。那丁断裂 (F10-1) 沿近 EW 走向分布，倾向 N 或 NNE，倾角 35°~80°，长 35km 左右，宽几十米至几百米，断层带较破碎，发育硅化现象，具斜冲擦痕，具压扭性。

第 2 章　地质地貌野外工作方法

2.1　地质罗盘的使用方法及产状测量

2.1.1　罗盘的结构及各部件功能

地质罗盘（简称罗盘）是野外地质工作中必不可少的工具。罗盘的种类很多，但任何一种都是由三个主要部件组成的（图2-1）。

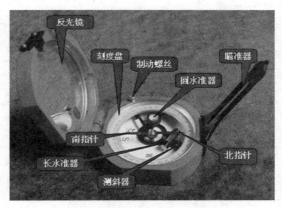

图 2-1　罗盘主要部件组成标示图

1. 刻度盘

刻度盘有两种，一种是方位角刻度盘，上面刻划有0°~360°的方位角；另一种是象限角刻度盘，它是以 N、S 向各为0°，E、W 向各为90°，从而将刻度盘分为4个象限。现在的罗盘多采用方位角刻度盘。刻度盘上绘有东、西、南、北方向，需要注意的是，刻度盘的东西方向与现实中的东西方向相反。

2. 磁针

在北半球所用的罗盘磁针上带有铜丝的一端是南针。这是由于在北半球，磁针北端所受地磁场吸引力大于南端，而且磁引力是倾斜的，故使磁针发生倾斜，为使其保持水平，用铜丝进行校正，并借此标记区分磁针南北端。但现代专业地质罗盘磁针两端都标有 S（南端）与 N（北端），以此区分磁针南北端。

3. 测斜器

由测斜游标和长水准器组成，现将各部件的功能介绍如下。

磁针和圆水准器及刻度盘主要用来测定岩层走向和倾向及定点的方位等；测斜游标和长水准器主要用来测定岩层倾角和坡角；长水准器、反光镜和反光镜标线主要用于测量前方与后方交会方向的目标位置等。磁针固定螺丝作用有二：一是在定好方位后将磁针固定，便于读数，而更重要的是罗盘使用完后能将磁针固定，以防磁针石英帽与顶针尖磨损。

2.1.2   岩层的产状三要素

1. 走向

岩层层面与水平面的交线为走向线，走向线两端的指向即为走向。走向表示岩层的水平延伸方向，用方位角表示。走向有两个方向，彼此相差180°。

2. 倾向

在岩层层面上，垂直于岩层走向线向下所引的直线为倾斜线，它在水平面上投影所指的方向即是岩层倾向。倾向表示岩层层面的倾斜方向。倾向只有一个方向，与走向的交角恒为90°。

3. 倾角

岩层层面倾斜线与它在水平面上投影线之间的夹角，即为倾向。倾角表示岩层层面的倾斜程度，变化于 0°~90°。如图 2-2 所示。

2.1.3   产状测量方法

（1）走向的测量：使罗盘的长边紧贴层面，将罗盘放平，水准泡居中，读指北针所示的方位角，就是岩层的走向。

（2）倾向的测量：将罗盘的短边紧贴层面，注意将罗盘的北端朝向岩层的倾斜方向，水准泡居中，读指北针所示的方位角，就是岩层的倾向。

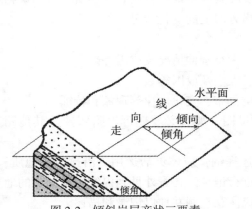

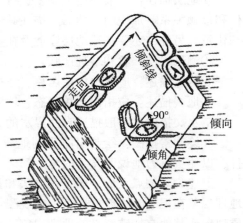

图 2-2 倾斜岩层产状三要素　　　图 2-3 岩层产状三要素的测量方法

（3）倾角的测量：需将罗盘横着竖起来，使长边与岩层的走向垂直，紧贴层面，等测斜器上的水准泡居中后，读出测斜器上的游标所指半圆刻度盘的读数，就是岩层的倾角。如图 2-3 所示。

2.2 观测点上的工作

2.2.1 观测点的观测和记录内容

野外考察时，在观测点上，要根据观测到的不同的地质内容做适当的记录。一般的记录包括下列内容。

（1）每天出发时，在记录簿上记录日期、观测路线号数及沿途要经过的主要地点，并注明当天的主要观测任务。

（2）在观测点上，一般按下列方法进行观测和记录。

①将观测点编号，确定此点的位置、标高和定点的目的。观测点的编号应用规定的代号注明，一般采用 No.1、No.2……观测点的位置应写明地理位置和构造部位。地理位置要包括相对位置和高程，以便我们了解其可靠性。定点的目的，只需要说明为什么要在此定点，主要计划观察哪些自然（地理、地质、地貌、水文、土壤、植被）现象，搜集哪些资料。

②露头的描述：主要描述观测点附近露头的好坏，出露哪些地层，出露的原因（人工露头或天然露头），浮土、碎石和植被覆盖等情况，并说明露头的范围、面积大小、延伸情况和风化程度。

③地层描述：一般应由老到新进行描述，描述的方法是先将界面两组地层的时代和接触关系略加说明。然后，描述其岩性和具体特征，包括岩层中所有有用矿物和化石。另外，还要描述地层厚度及在纵横方向上的变化情况。

④测量岩层产状和节理产状。

⑤构造描述：应指出构造名称、证据、大小延伸情况及成因等。

⑥地貌描述：应指出地貌形态、坡度、大小及成因等。

⑦水文描述：一般描述自然界水的时空分布、变化规律等现象和特征。

⑧绘制素描图：绘制出露头的地质素描图，如有必要还可以附照片等其他图件，以便更有力地说明文字内容。

上述为观测点上的一般工作方法和描述提纲，应该灵活运用。沿途所见地质、地理现象在记录时一般放在下一个观测点进行记录。在野外见到提纲中未提到的地质现象或其他有特殊意义的地理现象，都应注意观测并加以记录和描述。

2.2.2　野外记录簿的记录方法

将在野外观测到的地质、地理现象记录在记录簿上，记录时有一定的规则，记录方式如下。

（1）野外记录簿应先留两页空白，可留作填写目录和必要的符号，页次应编号。在扉页上还应写上记录簿使用人的姓名，使用人的联系方法（通信地址、联系电话等），以防万一记录簿遗失时，便于捡拾者归还时联系。

（2）野外记录簿的左页绘图，右页记录。如果所附图件不多时，左页也可用作记录。

（3）录页的顶端注明观测日期、星期、天气状况等。

（4）观测路线或观测点的记录应独占一行，并写在行的中间。

（5）记录页的两侧各留 1cm 左右的空白，并用铅笔画出。左侧空白内记录地层顺序和符号；右侧空白内记录地层厚度。

（6）记录时，不同性质的观测点，可以用不同的符号表示。例如，地质点用方框 No. 6 表示；地貌点用括号（No. 8）表示，在符号中注明观测点的号码。观测点的号码顺序按观测的先后顺序来编排，而不同性质的观测点不另作编号。

（7）岩层、断层面的产状要素单列一行，写在行的中央，并用单横线标出，使之醒目；节理的产状要素的表示也类似，但下面用双横线标出。例如：倾向 NW60°∠50°（指岩层的产状要素）；倾向 NE30°∠40°（指节理的产状要素）。

（8）对于地层中所含化石，可每种单列一行。

（9）在左页右侧也要留下约 1cm 宽的空白并用铅笔画出，用来记录标本号码。

2.3 地质野外实习的内容和方法

2.3.1 不同岩石地区的观察与描述方法

观测点上对岩石的描述，一般可以分为基本描述和补充描述。

基本描述的内容主要有：岩石的颜色、结构、构造、矿物成分、岩石的名称等。例如：浅灰色、厚层状、粗粒云母砂岩。再如：深灰色、化学结构、层理构造、厚层石灰岩，矿物成分为方解石。又如：粉红色、粗粒等粒结构、块状构造花岗岩，主要矿物成分为石英、长石、黑云母。

但是，基本描述对野外地质工作来说显得简单，不足以完全描述岩石的特征。因此，一般还需要进行补充描述。补充描述和基本描述的项目相同，但更详细，它要求把所见到的岩石特征都描述出来。例如：深灰色、化学结构、层理构造、厚层石灰岩，矿物成分为方解石（此系基本描述）。若再进行补充描述，则应记载"由于表面风化和经化学侵蚀呈灰褐色，层厚达 50m，层面上是否有波痕等层面构造。矿物成分方解石在雨水的侵蚀下，在灰岩的缝隙中有时可以见到方解石的次生矿物岩石"等内容。

在野外地质实习考察中，会见到三大类岩石，对它们的观察、描述应注意事项如下所示。

1. 沉积岩野外观察和描述的内容

（1）沉积岩的颜色：要注意观察区别沉积岩的原生色、继承色、次生色及颜色与沉积环境的关系。

（2）沉积岩的结构、成分（碎屑物、胶结物）、粒度、岩石名称：区别沉积岩的结构，观察其是否为角砾状、砾状、砂质、粉砂质、泥质、化学或生物化学结构；对于碎屑结构，还要进一步观察碎屑物的情况，如粒度、磨圆度等；观察胶结方式（基底胶结、接触胶结、孔隙胶结）。观察沉积岩的成分，除了主要观察描述碎屑物的矿物成分，还要观察描述胶结物的成分（钙质、铁质、硅质、泥质等胶结物等）。

（3）沉积岩的构造：详细观察层理构造和层面构造，如层理的类型、单层厚度、层面是否有波痕、雨痕、干裂、结核和化石等。如沉积岩中含有化石，还要进一步观察和描述化石的保存情况，并大致确定化石的类属。

（4）沉积岩体形状及其风化程度和风化时的变化：观察沉积岩体呈现的形状，如层状、透镜状或透镜体。观察沉积岩的风化程度以及风化时出现哪些变化。

（5）测定岩层厚度（或露头宽度）以及岩层的产状要素。

2. 岩浆岩野外观察和描述的内容

岩浆岩的野外观察必须在岩浆岩露头的新鲜面上进行，主要观察和描述岩浆岩的颜色、结构、构造和矿物成分，然后确定岩浆岩的名称。

（1）岩浆岩的颜色：岩浆岩在地表极易风化，对其颜色的观察和描述必须在新鲜面上进行。一般，超基性岩常呈黑色、黑绿色；基性岩常呈灰黑色、灰绿色；中性岩常呈灰、暗灰或灰白色；酸性岩常呈灰白、肉红色等。因此，根据岩浆岩的颜色可以初步确定其类别。

（2）岩浆岩的结构：观察和描述岩浆岩中矿物的结晶程度、晶粒形态、晶粒大小等。

（3）岩浆岩的构造：观察并区别岩浆岩的块状构造、气孔构造、杏仁构造、流纹构造、流线构造和斑杂构造等，并根据岩石不同的结构和构造大致确定岩浆岩的产状。

（4）岩浆岩的矿物成分：观察岩浆岩的主要矿物和次要矿物，注意暗色矿物与浅色矿物的种类及其含量，观察有无石英、橄榄石、长石等。注意岩浆岩风化后矿物成分的变化情况。

（5）确定岩浆岩的名称和产状：根据岩浆岩的主要矿物、次要矿物、暗色矿物等成分，以及岩浆岩的颜色、结构、构造等情况确定岩浆岩的名称。

（6）采集标本。

3. 变质岩野外观察和描述的内容

在野外观察和描述变质岩，一般遵循从矿物成分、构造、结构到综合分析定名的步骤。

（1）变质岩的矿物成分：注意观察是否含有变质矿物，常见的变质矿物有石榴子石、绢云母、绿泥石、滑石、硅灰石、石墨、蛇纹石等。除这些变质矿物之外，还要观察变质岩中的石英、长石、云母、角闪石、磁铁矿、方解石、白云石等常见矿物的含量。

（2）变质岩的结构：观察并注意区别变晶结构（等粒、斑状、鳞片状）与变余结构。

（3）变质岩的构造：观察岩石是否具有片理构造（板状、千枚状、片状、片麻状构造）、块状构造、条带状构造与变余构造。

（4）命名和采集标本：根据变质岩的结构、构造和矿物成分确定出变质岩的名称，并采集标本。

2.3.2 地质构造的野外观察和描述方法

1. 褶皱构造的观察和描述

（1）确定岩层的岩性和年代：观察和确定褶曲核部及两翼的岩层的岩性和年代。

（2）确定褶皱的产状：观察褶皱两翼岩层的倾斜方向、转折端的形态和顶角的大小，并确定褶曲轴面及枢纽的产状。

（3）确定类型推断时代和成因：根据褶曲的形态、两翼岩层和枢纽的产状确定出褶皱的类型，进一步分析推断褶皱的形成年代和成因。

2. 断层的观察和描述

（1）观察、搜集断层存在的标志（证据）：若在岩层露头上有断层的迹象，要观察、搜集断层存在的证据，如断层破碎带、断层角砾岩、断层滑动面、牵引褶曲、断层地形（断层崖、断层三角面）等。

（2）确定断层的产状：测量断层两盘岩层的产状、断层面的产状、两盘的断距等，确定断层的产状。

（3）确定断层两盘运动方向：根据擦痕、阶步、牵引褶曲、地层的重复和缺失现象，确定两盘的运动方向，确定上盘、下盘及上升盘、下降盘等。

（4）确定断层的类型：根据断层两盘的运动方向，断层面的产状要素，断层面产状和岩层产状的关系确定出断层的类型。断层类型可分为：正断层、逆断层、平移断层；走向断层、倾向断层、斜向断层、顺层断层、纵断层、横断层、斜断层等。

（5）破碎带的详细描述：对断裂破碎带的宽度、断层角砾岩、填充物质等情况要加以详细描述。

（6）对断层作素描、照相和采集岩石标本。

3. 节理的观察和描述

（1）观察节理形态：注意观察节理的长度和密度，根据节理的产状和成因联系确定出节理系。然后，根据节理和断层、褶皱的伴生关系推断出节理类型。确定节理类型：走向节理、倾向节理或斜向节理；纵节理、横节理或斜节理。

（2）确定节理的类型：根据节理的形态和组合关系推断节理的力学类型，确定是否为张节理、剪节理。张节理比较稀疏、延伸不远，节理不能切断岩层中的砾石。节理面粗糙不平，呈犬牙交错状，节理开口呈上宽下窄状。剪节理常密集成群出现，节理面平滑，延伸较远，节理口紧闭。剪节理常由两组垂直的节理面呈

"X"形组合而成。

（3）测量节理的产状：为了进一步研究节理的发育情况，可以大量测量节理产状要素，并根据测量的数据编制节理玫瑰图。

4. 接触关系的观察和描述

观察岩层的接触关系时要注意岩层的接触界限。如果是沉积岩与沉积岩、沉积岩与变质岩相接触，观察有无沉积间断、底砾岩、剥蚀面、古风化壳存在；注意上下岩层产状是否一致；然后判断岩层是哪种接触关系（整合接触、平行不整合接触或角度不整合接触）。如果是沉积岩和岩浆岩相接触，观察岩浆岩中有无捕虏体；注意沉积岩中有无底砾岩，底砾岩的碎屑物中有无岩浆岩的成分，进而确定二者是沉积接触或侵入接触关系。

2.3.3　地质标本和样品的采集和编录

许多地质现象在野外难以进行详细的描述或需要用实物进行说明，因此在野外观察露头时常需要采集标本和样品，以便在室内做进一步分析，补充说明，研究剖面或进行地层对比。标本和样品主要有以下几种：岩石和矿物标本、化石标本、有用矿产标本、其他标本或样品。

采集标本和样品应注意以下几点：①目的要明确，明确采集此标本是用来说明、描述什么的；②具有代表性和系统性，采集的标本要典型，特征要明显，能说明情况和问题，并且所采集的标本要有系统性；③规格要一定，岩石标本应按一定的规格采集，通常规格是 3cm×4cm×9cm，供陈列用的标本应为 4cm×8cm×12cm。标本上要有新鲜面，同时保留一部分风化面。

标本采集后，要及时对其进行编号，整理步骤如下。

首先，要对标本编号。标本的号码和观测点的号码，在野外就应编写清楚。如果从一个露头中采集几块标本，应按上下层序详细编号。标本号应与记录簿上、地质图上的号码一致。标本号码应用油漆或黑墨水描写，并立即填写标签（表 2-1）。

表 2-1　　　　　　　　北部湾大学资源与环境学院标本签

标本编号		标本名称	
采集地点		采集时间	
采集层位		采集单位	
简单描述			

然后，将已编号的标本和标签一起包装并装箱。最后，需将标本登记在标本记

录簿上（表2-2）。

表 2-2   北部湾大学资源与环境学院野外实习标本采集登记表

标本号码	采集日期	采集地点	采集层位	标本名称	备 注
001	2018-08-08	北流地质公园	泥盆纪	生屑灰岩	

2.4 地貌野外实习的内容和方法

2.4.1 山地和平原的地貌观察

1. 山地地貌观察

在观察地貌时既要横切河谷和分水岭，同时又要沿河谷和山岭观察，其观察内容如下。

1）山地的高度

可根据表2-3观察山的高度，判断山体的类型。

表 2-3   山地特征及分类表

	山地类型	起伏高度（m）	海拔高度（m）
高山	极大起伏高山	>2500	>3500
	大起伏高山	1000~2500	
	中起伏高山	500~1000	
	小起伏高山	200~500	
中山	极大起伏中山	>2500	1000~3500
	大起伏中山	1000~2500	
	中起伏中山	500~1000	
	小起伏中山	200~500	

续表

山地类型		起伏高度（m）	海拔高度（m）
低山	中起伏低山	500~1000	<1000
	小起伏低山	200~500	
丘陵	高丘陵	100~200	
	低丘陵	<100	

2）山体的形态及其发育过程

山体由山顶、山坡和山麓三部分组成。

山顶的形状，一般可以分为尖峭状、浑圆状和平坦状。

山坡的形态主要反映在坡形、坡度和坡长等方面，可以分为：极缓坡（2°~5°）、缓坡（5°~15°）、陡坡（15°~35°）、极陡坡（>35°）和陡崖（>75°）。

山麓常是坡积层或重力堆积发育的地方，地貌上常形成坡积裙或倒石堆。在考察中要注意山地地貌与地质构造和岩性的关系，以便确定山地的成因。

2. 平原地貌的观察方法

在观察平原地貌时既要选择视野较广阔、障碍物少的地方，又要注意避免山体、凹凸坡对视线的遮挡，保证视角的完整。

1）观察平原地貌的方法

在观察平原地貌时需要遵循从宏观到微观、从面到点的顺序，通过确定观察点，测量平原地貌的海拔高度、分布位置、类型，从宏观角度描述平原地形特征，而后再进行微观平原地貌的描述。

2）平原的形态及其发育过程

平原分有不同的类型，有构造平原、侵蚀平原、侵蚀-堆积平原、冲击平原。不同类型的平原的形成过程不同，在考察中要注意平原地貌与地质运动、外力作用等的关系，体现时空变化过程。

2.4.2 构造地貌的观察

1. 褶皱地貌的观察

褶皱构造与地形起伏一致形成背斜山、向斜谷，有时也形成背斜谷、向斜山。在野外一定要首先查清新老岩层的叠置关系，岩层倾向与地貌形态的关系，然后确定山地和谷地是属于顺地形，还是逆地形。

2. 断裂构造地貌的观察

北部湾地区主要的断层地貌有断层崖和断层三角面（山），特征明显，形态典型。

2.4.3 流水地貌的观察

河流地貌观察主要是对河谷纵、横剖面结构及其发育过程的观察。对河谷横剖面的观察，一般包括下列内容。

（1）河谷横剖面是否对称。

（2）河漫滩的高度、宽度，洪水淹没范围，特大洪水淹没范围，河漫滩的物质结构，植被生长情况和土地利用情况等。

（3）谷坡的特点及其岩性和构造等因素的关系，谷坡上植被的生长情况，谷坡及其坡角松散沉积物覆盖的程度等。

（4）河谷横剖面的微地貌（如阶地）的情况。

（5）绘制河谷的横剖面图。

河谷纵剖面的观察重点是河床的纵剖面形态，包括岩坎和裂点及各级阶地在纵剖面上的分布和变化等。

2.4.4 松散沉积物的观察

松散沉积物是指不同成因的第四纪沉积物，它们与地貌的关系十分密切。其观察内容主要有如下四项。

（1）沉积物的厚度：薄层，<2cm；中层，2~10cm；厚层，>10cm。

（2）沉积层的产状：水平，倾斜，波状，起伏。

（3）沉积层的颜色：继承色，原生色，次生色。

（4）沉积物的结构：

①粒度成分，有砾、砂、粉砂、黏土；

②砾石的形状；

③砾石的磨圆度；

④胶结情况，有胶结，半胶结，微胶结；

⑤其他，如潮湿度等。

2.5 编写地质实习报告

在地质地貌实习的最后阶段，要求每个学生独立编写一份地质实习报告。实习报告的编写是对整个实习内容做系统化整理、提高知识水平的过程，也是基本掌握地质报告编写程序与方法的过程。

地质实习报告的文字部分必须有事实、有分析。基础资料一定要真实可靠，分析要理论结合实际。叙述要条理清晰，立论正确，论据充分；富于创造，重点突出、图文并茂，文字通顺、简洁，誊写工整、符合规格。图件必须真实准确，合乎规范、结构合理、整洁美观。

报告的题目为《资环学院地质地貌实习报告》，字数约 5000 字。其内容主要包括以下两大项：

（1）文字部分：①绪言；②地层与岩相分析；③岩石；④构造；⑤地质发展史；⑥矿产概况；⑦结束语。

（2）主要附图：①综合地层柱状图；②实测地层剖面图；③实际材料图；④地质图；⑤构造纲要图。

各章的基本内容简述如下：

第一章　绪言

实习区的地理位置、行政区划、交通概况（附交通位置图）、地形地貌、主要水系，气候、工农业生产概况；地质调查简史；实习的任务、内容、起止时间、实习区的范围；组队情况、指导教师、计算安排、完成的工作量和取得的工作成果（附表）。

第二章　地层与岩相分析

实习区地层发育概况。

地层分析与岩相分析：以"组"为单位由老至新分别描述。每一个地层单位的描述内容一般应包括：地层分布，岩性及岩石组合特点，化石情况、岩相及变化，地层厚度，与下、上地层的接触关系；对含矿层位应加以特别说明。

本章主要根据地层观察路线、实测地层剖面及地质填图中的实际资料，加以综合叙述分析，可以系统引用上述资料，必要时还可附上手绘地层剖面图及露头素描图等。

第三章　岩石

包括岩浆岩与变质岩两部分。

一、岩浆岩

重点叙述房山复式侵入体，包括：出露位置、范围、面积、围岩情况；两种岩体的相互关系、侵入次序；岩石性质及岩相带的划分，岩体中的捕房体和析离体特点，岩体的原生构造和产状；接触变质作用特征。其他侵入体可简要叙述。分析、总结实习区岩浆活动概况。

二、变质岩

概述实习区变质岩的类型、分布及其主要岩石的岩石学特征等。

三、沉积岩

概述实习区沉积岩的类型、分布、特征及沉积岩的形成过程等。

第四章 构造

实习区构造概况，包括所处区域大地构造位置、褶皱和断裂发育程度、区域构造方向、构造区的划分、构造形成年代等。

主要构造详述。对一个地区构造特征的描述，一般可采用以下几种方式：

（1）按皱褶、断裂顺次描述其基本特点；

（2）按构造区分别描述其构造特点；

（3）如果认为工作区的构造是由于多次构造形变叠加形成的，可以按形变发生的先后顺序分别叙述其特点。

本章最后应总结实习区褶皱与断裂在空间上的相互结合关系及时间上形成的先后顺序，也可以初步探讨区域构造应力场的特点。

第五章 地质发展史

本章按年代顺序，由老到新地叙述古地理环境；海陆分布、海水物化性质、古气候、古生物群的发育情况，沉积区域分布及沉积物特征，地壳运动的阶段性、性质与规模及岩浆活动方式、类型、规模等。其中应突出与外动力地质作用有关的外生矿床及与岩浆活动有关的内生矿床。

本章的编写是在"地层与岩相分析""岩石"和"构造"三章的基础上，用岩相分析法与构造分析法恢复古地理环境、地壳运动及岩浆活动情况，再造地质发展史。编写时应尽量避免与前三章的内容重复。

第六章 矿产概况

叙述实习区内矿产的种类。

概述主要矿产的分布特点、产出层位、地质年代、矿体产状、规模、主要用途及有无开采价值等。

第七章 结束语

结束语是对整个地质实习的总结和评价，要明确而简练地肯定工作的主要成绩、新的认识、新的发现等；对于存疑的地质问题，提出今后的研究方向和建议；简述工作中存在的问题与不足之处；对今后的教学实习工作提出建议，可提出自己今后的努力方向；等等。

第3章　地质地貌室内实验工作方法

3.1　实习一　矿物的形态

3.1.1　实习目的和要求

（1）熟悉常见矿物的各种形态特征和其描述方法。
（2）了解形态在矿物鉴定上的意义。

3.1.2　实习内容

1. 单晶体形态

根据单个晶体三度空间相对发育的比例不同，可将晶体形态特征分为一向延长、二向延长和三向等长三种（图3-1、图3-2）。

图3-1　矿物单体形态［左图：白水晶柱（一向延长）。中图：片状黑云母（二向延长）。右图：石榴子石菱形十二面体（三向等长）］

（1）一向延长晶体。
柱状——石英（水晶）、角闪石；毛发状——石棉。
（2）二向延长晶体。
片状——云母、绿泥石；厚板状——重晶石。
（3）三向等长晶体。

图 3-2　晶簇形成过程图

粒状——石榴子石、黄铁矿、橄榄石、方铅矿。

2. 集合体形态

（1）显晶集合体。
纤维状集合体——石膏、石棉（图 3-3）。
针状、放射状集合体——辉锑矿集合体（图 3-4），放射状红柱石、菊花石。

图 3-3　纤维状石膏集合体

图 3-4　针柱状放射辉锑矿集合体

片状集合体——云母（图 3-5）、镜铁矿。
粒状集合体——橄榄石、石榴子石（图 3-6）。

图 3-5　片状黑云母集合体

图 3-6　石榴子石粒状集合体

21

晶簇——石英（图 3-7）、方解石。
板片状集合体——石膏（图 3-8）。

图 3-7　水晶晶簇　　　　　图 3-8　板片状石膏集合体（沙漠玫瑰）

（2）隐晶质集合体。
致密块状——磁铁矿（图 3-9）。
土状、粉末状集合体——褐铁矿、高岭石（图 3-10）。

图 3-9　磁铁矿　　　　　　图 3-10　土状高岭石

（3）非晶质集合体，主要为胶态集合体，包括以下 3 种。
①分泌体——由外向内生长，有晶腺和杏仁体，如玛瑙（图 3-11、图 3-12）。

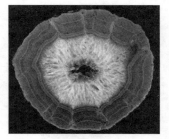

图 3-11　第一层水晶晶簇，第二层白水晶晶簇　图 3-12　蓝玛瑙晶腺内部同心层状玛瑙晶腺
（两侧手指作为比例尺，>2cm 为晶腺；<2cm 为杏仁体）

②结核体——由内向外生长，有鲕状（直径小于2mm）、豆状（直径2~5mm）及肾状（直径大于5mm），如赤铁矿（图3-13~图3-15）。

图3-13　肾状赤铁矿

图3-14　豆状赤铁矿

图3-15　鲕状赤铁矿

③钟乳状——同一基底逐层向外生长而成的圆锥状或圆柱状，如钟乳石（图3-16、图3-17）、石柱、石笋等；有些甚至呈葡萄状，如硬锰矿等。

图3-16　钟乳石

图3-17　钟乳石横截面

注意以下几点。

（1）观察矿物单体形状时，应注意单体在三维空间的发育情况，根据其结晶习性，描述其形状。

（2）观察矿物集合体，首先区分是显晶集合体，还是隐晶质或非晶质集合体。若为显晶集合体，则在认清单体形状的基础上，根据单体形状及其排列方式加以命名；隐晶质和非晶质集合体，则按其外部形态及断面所反映出的内容结构命名。

（3）对于晶质矿物，同一矿物单体的晶面或解理面的反光程度是一致的、连续的，可以看见明显的边界。这是圈定矿物单体轮廓、辨认矿物颗粒的重要标志。

作业及思考题

（1）按表3-1要求描述所观察的矿物标本形态。

表 3-1 　　　　　　　　　　　　　　矿物形态观察与描述

标本编号	矿物名称	显晶或隐晶集合体	单体形态	集合体形态

（2）思考：矿物的晶体形态受控于哪些因素？这些因素是如何影响矿物晶体发育情况的？

3.2 实习二 矿物的物理性质

3.2.1 实习目的和要求

（1）学会观察和描述矿物的颜色、条痕、光泽、透明度等光学性质的方法。

（2）了解矿物各种光学性质之间的相互关系。

（3）学会肉眼观察并描述矿物的解理、硬度、断口、相对密度等力学和其他性质。

3.2.2 实习内容

1. 光学性质

1）颜色

根据颜色产生的相理不同可分为自色、他色、假色，但具有鉴定意义的主要为自色。

（1）描述颜色的方法：通常描述颜色的方法有两种：标准色谱法和实物对比法。

①标准色谱法：此种方法是按红、橙、黄、绿、蓝、靛、紫标准色或白、灰、黑等对矿物的颜色进行描述，如图 3-18 所示。若矿物为标准色中的某一种，则直接用其描述，如蓝铜矿为蓝色，辰砂红色。若矿物不具某一标准色，则以接近标准色中的某一种颜色为主体，用两种颜色进行描述，并把主体颜色放在后面。例如，绿帘石为黄绿色，说明此矿物是以绿色为主，黄色为次。

②实物对比法：把矿物的颜色与常见实物颜色相比进行描述。例如，块状石英呈乳白色，黄铜矿为铜黄色，正长石为肉红色等（图 3-19）。

（2）注意要点：观察矿物颜色，要取新鲜面；要在明亮的自然光源下观察，才能获得矿物的固有颜色。确定颜色时，除了标准色外，根据颜色深浅不同，可以在前面加上深、浅形容词，如深绿、淡红、黄绿等。

（3）实验标本。自色：红色（辰砂）、橘红色（雄黄）；黄色（硫黄、雌黄）、铜黄色（黄铜矿）；蓝色（蓝铜矿）；绿色（孔雀石）、橄榄绿色（橄榄石）；黑色（电气石，硬锰矿）；铅灰色（方铅矿）；白色（方解石，高岭石）。见图 3-20。

他色：紫色（紫水晶、紫萤石）、绿色（绿萤石）。

假色：斑铜矿表面呈锖色，云母面上的晕色。

2）条痕

条痕是指矿物粉末的颜色，一般是指矿物在白色无釉瓷板上擦划所留下的痕迹

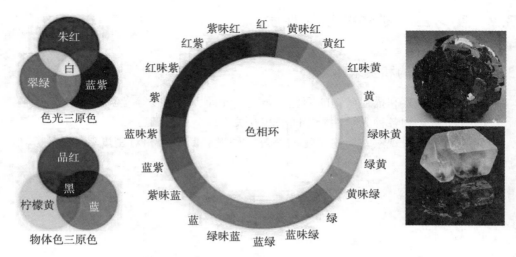

图 3-18　常见彩色对比色谱（硫黄、蓝铜矿）

图 3-19　由左至右：块状石英—黄铜矿—正长石

图 3-20　常见鲜艳颜色矿物，由左至右：孔雀石—蓝铜矿—雌黄—雄黄

的颜色。条痕色可能深于、等于或浅于矿物的自色。如图 3-21 所示。

①条痕色的描述方法与颜色的描述方法相似；②擦划条痕时，用力要均匀；

③观察测试的矿物应选新鲜的标本。

注意要点：对于不透明的金属、半金属光泽矿物，鉴定其条痕色很重要；而对透明、玻璃光泽矿物来说，意义不大，因为它们的条痕都是白色或近于白色。

图 3-21　左为黄铁矿绿黑色条痕；右为镜铁矿樱红色条痕

3）光泽

根据矿物表面反光的强度，可将矿物的光泽分为金属光泽、半金属光泽、非金属光泽三类。

（1）观察矿物光泽标准标本。

（2）非金属光泽中，由于矿物表面不平整或在某些集合体表面会产生特殊的变异光泽。注意观察油脂光泽、丝绢光泽、珍珠光泽和土状光泽等（图 3-22、图 3-23）。

（3）注意要点：观察矿物光泽时，一定要在新鲜面上观察，主要观察晶面和解理面上的光泽。

图 3-22　纤维状石膏丝绢光泽　　　　　图 3-23　高岭石土状光泽

（4）实验标本：金属光泽（方铅矿、黄铁矿、辉锑矿、辉钼矿）；半金属光泽（磁铁矿、赤铁矿、钨锰铁矿）；金刚光泽（辰砂、闪锌矿）；玻璃光泽（水晶、萤石、方解石）；油脂光泽（石英、叶蜡石）；丝绢光泽（石棉、纤维石膏）；土状光泽（高岭石）；珍珠光泽（白云母）。

4）透明度

矿物透明度是指矿物透过光线的程度，一般是以矿物厚度 0.03mm 的薄片为准，分为透明、半透明和不透明三级。大部分的金属矿物为不透明。

（1）实验标本。透明度：透明（水晶、萤石、冰洲石）；半透明（浅色闪锌矿、乳白色方解石）；不透明（磁铁矿、黄铁矿）（图 3-24、图 3-25）。

图 3-24　冰洲石（透明方解石，具双折射）

图 3-25　不透明的黄铁矿

（2）注意要点：观察描述矿物光学性质时，一定要注意掌握颜色、条痕、光泽和透明度四者之间的关系。金属光泽的矿物，其颜色一定为金属色，条痕为黑色或金属色，不透明；半金属光泽的矿物颜色为金属色或彩色，条痕呈深彩色或黑色，不透明至半透明；非金属光泽的矿物颜色为各种彩色或白色，条痕呈浅彩色到白色，半透明至透明（表 3-2）。

表 3-2　　　　　　矿物颜色、条痕、光泽与透明度之间的关系

颜色	无色	浅色	彩色	黑色或金属色（部分硅酸盐矿物除外）
条痕	白色或无色	浅色或无色	浅色或彩色	黑色或金属色
光泽	玻璃	金刚	半金属	金属
透明度	透明	半透明		不透明

2. 力学性质

1）硬度

肉眼观察的矿物硬度是矿物的相对硬度，通过以摩氏硬度计为标准进行比较而确定矿物的相对硬度。先观察摩氏硬度计（表 3-3、图 3-26）。

表 3-3 摩氏硬度计及对照矿物

摩氏硬度级别	1	2	3	4	5	6	7	8	9	10
矿物名称	滑石	石膏	方解石	萤石	磷灰石	正长石	石英	黄玉	刚玉	金刚石

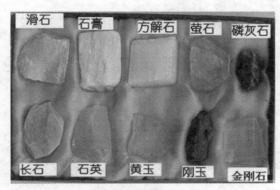

图 3-26 摩式硬度计及其判别手段

在野外，还可利用指甲（硬度 2~2.5，男生>女生）、铜钥匙（硬度 3.5）、小钢刀（硬度 5.5）等来代替硬度计。据此，可以把矿物硬度粗略分成三等。

（1）软矿物：硬度小于指甲。

（2）中等硬度矿物：硬度大于指甲，小于小刀；自然界中大部分矿物属于此类。

（3）硬矿物：硬度大于小刀。

（4）极硬矿物：有少数矿物用石英也刻划不动，但这样的矿物比较少。

注意要点：刻划矿物时用力要均匀。测试矿物时须选择新鲜面，并尽可能选择矿物的单体。

2）解理

解理是矿物受力后沿着一定方向有规则地裂开成光滑面的性质，裂开面称解理面，其取决于矿物晶体内部的原子排序。只有矿物晶体才具备解理的力学性质。解理是矿物的重要鉴定特征之一。

（1）观察解理等级：根据解理面的完好和光滑程度以及大小，确定其解理等级。解理按其发育程度可分为极完全解理、完全解理、中等解理、不完全解理和极不完全解理五级。注意观察白云母、方解石、石盐、方铅矿、普通角闪石、磷灰石、石英的解理发育情况。

（2）观察解理组数：矿物中相互平行的一系列解理面称为一组解理。注意观察云母、钾长石、方解石、石盐、闪锌矿、萤石的解理组数（图 3-27、图 3-28）。

1. 黑云母一组极完全解理；　　2. 钾长石两组完全解理
3. 方解石三组完全解理；　　　4. 石盐三组完全解理
5. 闪锌矿三组完全解理；　　　6. 萤石四组完全解理

图 3-27　矿物解理发育情况

（3）观察解理面间的夹角：两组及两组以上的解理，其相邻两解理面间的夹角亦是鉴定矿物的标志之一。注意观察正长石、辉石、角闪石和萤石的解理夹角。

（4）注意要点：肉眼观察矿物的解理只能在显晶质矿物中进行。确定解理组数和解理夹角必须在一个矿物单体上观察。

3）断口

根据矿物受力后不规则裂开的形态，可将断口分为贝壳状断口、参差状断口、土状断口、锯齿状断口等类型。观察石英、黄铁矿、高岭石的断口，并确定其类型（图 3-29）。

4）比重（相对密度）

矿物比重：纯净、均匀的单矿物在空气中（一个大气压）的质量与同体积 4℃

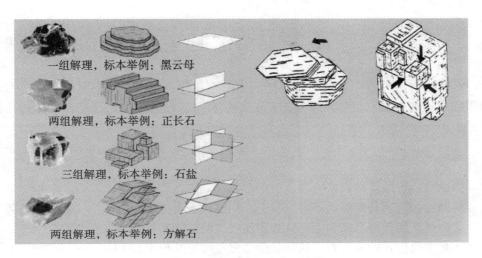

一组解理，标本举例：黑云母

两组解理，标本举例：正长石

三组解理，标本举例：石盐

两组解理，标本举例：方解石

图 3-28 矿物解理及方向示意图

图 3-29 断口观察（从左至右依次为：石英贝壳状断口；黄铁矿参差状断口；高岭石土状断口）

水的质量比，也称相对密度。一般分轻、中、重矿物三级：轻矿物（<2.5），如石墨、石膏等；中等比重矿物（2.5~4），如石英、方解石、萤石等；重矿物（>4），如重晶石、磁铁矿、方铅矿等。大多数矿物比重介于 2.5~4；一些重金属矿物的比重常为 5~8；极少数矿物（如铂族矿物）的比重可达 23。

注意要点：自然界常见中等密度大小的矿物，只有相对密度大或小（轻或重）的矿物才有鉴定意义。建议实习过程中可以用手多掂掂各类型比重的矿物，建立对轻、中、重的基本手感判断，绝大部分的金属矿物属于重矿物。

3. 其他物理性质

（1）矿物的其他物理性质可包括：磁性（能被磁铁吸引者）、导电性、发光性、放射性、延展性、脆性、弹性和挠性等。

①脆性与延展性：如对方解石和自然金做肉眼鉴定时，用小刀刻划矿物表面，若留下光亮的沟痕而不出现粉末或碎粒，则矿物具延展性；反之，则矿物具脆性。

②弹性与挠性：如云母和辉钼矿，当矿物在外力作用下发生弯曲变形，当外力撤除后，在弹性限度内能够自行恢复原状，则矿物具弹性；反之，则矿物具挠性。

③磁性：如磁铁矿（能够被磁铁吸引），磁性可分强磁性、弱磁性和无磁性三级。

强磁性：普通马蹄磁铁可以吸引的矿物，如磁铁矿、钛磁铁矿等。

弱磁性：普通马蹄磁铁不可以吸引，用电磁铁可以吸引的矿物，如赤铁矿等。

无磁性：用普通马蹄和电磁铁都不能吸引的矿物，如石英、石盐等。

④化学反应：如方解石，滴稀盐酸会强烈起泡并放出 CO_2。

⑤实验标本：观察各矿物标本的各种物理性质，如弹性（云母），脆性（黄铁矿、方解石），挠性（辉钼矿），延展性（金），吸水性（高岭石），易燃性（硫黄、煤），热膨胀性（蛭石），发光性（萤石），嗅觉（硫黄），味觉（岩盐），滑感（滑石）。

（2）并非大多数矿物都能表现出上述很典型的物理性质。

注意观察：磁铁矿的磁性、方解石的发光性、自然金的延展性、云母的弹性等（图 3-30）。

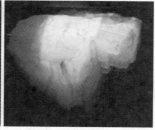

图 3-30　方解石矿物在自然光、短 UV 和长 UV 下显示的不同颜色

作业及思考题

（1）按表 3-4 记录格式观察并选取不同性质的 4~6 个典型矿物进行描述。

表 3-4 　　　　　　　　　　　　　　　**矿物物理性质的观察与描述**

标本号	矿物名称	形态	光学性质				力学性质				其他性质
			颜色	条痕	光泽	透明度	解理	断口	硬度	密度	

（2）无色透明矿物可呈现深色条痕吗？

（3）肉眼观察到的光学性质与矿物的发光性是否一样？

（4）观察矿物的解理时，是否必须敲击矿物？应怎样观察？

（5）有些标本很容易捏碎，是否表明该矿物一定硬度低？为什么？

（6）注意观察标准矿物比色标本、标准矿物光泽标本及摩氏硬度计标本。

3.3 实习三 常见矿物的肉眼鉴定

自然界中已知矿物有 3000 余种，而组成岩石的主要矿物即主要造岩矿物只有几十种。

3.3.1 实用目的和要求

（1）掌握肉眼鉴定矿物的主要方法。
（2）掌握常见矿物的化学成分大类和肉眼观察的鉴别特征。

3.3.2 实习内容

（1）观察常见矿物的主要特征（见附录 1）。
（2）注意区分相似矿物。

作业及思考题

（1）按表 3-5 记录观察结果，描述 6 种常见矿物。

表 3-5　　　　　　　　　　常见矿物的肉眼鉴定特征描述

标本号	矿物名称	化学式	特征描述

记录对上述矿物的观察内容。记录格式按"矿物名称（化学式）、形态、物理性质（颜色、条痕、光泽、透明度、解理与断口、硬度、比重、其他性质）、鉴定特征"的顺序逐项记述。

下面以描述石英为例。

矿物名称：石英（SiO_2）。

形态：单体呈柱状，晶面发育聚形纹。

物理性质：无色，透明，晶面玻璃光泽，断口油脂光泽，无解理，具贝壳状断口，硬度 7，比重中等。

鉴定特征：无解理，具贝壳状断口，断口具油脂光泽，硬度大。

（2）思考题。如何用简单快捷的方法区分下列矿物?

①方铅矿、石墨、闪锌矿；

②黄铜矿、黄铁矿；

③磁铁矿、镜铁矿、方铅矿、赤铁矿；

④石英、萤石、方解石、重晶石；

⑤正长石、斜长石；

⑥普通角闪石、普通辉石。

3.4　实习四　岩浆岩的观察和鉴定

岩浆岩的种类繁多，现已命名的有 1000 多种。

岩浆岩的分类多数以岩浆岩自身所具有的特征为依据。岩浆岩的主要特征：①岩石含有的矿物成分；②岩石含有的化学成分；③岩石的结构和构造；④岩石的产出形式。

岩浆岩的矿物成分是分类的重要基础。岩浆岩是由多种造岩矿物组成的，而这些造岩矿物的生成又取决于岩浆的化学成分和岩石形成的环境，所以岩浆岩的矿物成分的种类和数量具有重要意义。通常依据矿物中主要矿物种类确定岩石类型，再按主要矿物的百分含量确定岩石的名称。根据岩石中暗色矿物的含量（即色率）可将岩石分为：①浅色岩，色率为 0~35%；②中色岩，色率为 35%~65%；③暗色岩，色率为 65%~90%；④深色岩，色率为 90%~100%。在大多数岩浆岩中，浅色矿物长石的性质（钾长石或斜长石）和含量在分类中有着重要意义。例如，超基性岩（无长石）—基牲岩（基性斜长石）—中性岩（中、酸性斜长石）—酸性岩（钾长石、酸性斜长石）—偏碱性岩（钾长石）。根据矿物成分进行分类的方法，称为矿物分类。

岩浆岩的化学成分也是重要的分类基础。岩浆岩是由硅酸盐成分的岩浆冷凝而成。岩浆岩化学成分中 SiO_2 含量是主要分类依据，常把岩浆岩分为超基性岩、基性岩、中性岩、酸性岩等岩类。岩浆岩的化学成分又必须与矿物成分相互配合，通常不能作为唯一的分类基础。

岩浆岩的结构和构造是分类的基础之一，但是这种分类基础有着很大的局限性，例如，一个巨厚层玄武岩流的上、中、下部位，或者一个花岗岩基的中心—边缘，在岩体的不同部位，结构、构造常有较大的差异。所以岩浆岩的结构、构造特征虽然反映了岩石的形成环境，但作为分类基础，远不及矿物成分和化学成分重要。

根据产状通常可以把岩浆岩分为喷出岩、浅成（侵入）岩、深成（侵入）岩三类。目前，也进一步分出超浅成岩，或谓之次火山岩，是一种界于喷出岩和浅成侵入岩之间的过渡性产状。

3.4.1　实习目的和要求

（1）能熟悉和辨认常见岩浆岩。

（2）学会观察和描述岩浆岩的颜色、结构、构造、主要矿物成分和矿物共生组合特点。

（3）进一步掌握岩浆岩肉眼鉴定和分类命名原则。

（4）通过偏光显微镜观察，对岩浆岩岩石和矿物有一个感性的微观认识。

3.4.2 实习准备

（1）复习教材和课堂讲授的岩浆岩内容，并预习实习指导的这一部分。

（2）实习用品：放大镜、小刀、量尺、稀盐酸和偏光显微镜。

3.4.3 实习方法

先由教师示范，随后对照岩浆岩鉴定表，学生自行观察、描述、记录。

3.4.4 实习内容和步骤

（1）观察如表 3-6 所列的岩石标本。

表 3-6   **岩浆岩分类表**

产状	超基性	基性	中性	酸 性
火山玻璃岩				黑曜岩、浮岩
各种脉岩		煌斑岩		伟晶岩、细晶岩
喷出岩	金伯利岩	玄武岩	安山岩	流纹岩、珍珠岩、石英斑岩
浅成岩	苦橄玢岩	辉长岩	闪长玢岩	花岗斑岩
深成岩	橄榄岩	辉绿岩	闪长岩	粗粒花岗岩、细粒花岗岩、钾长石花岗岩

（2）偏光显微镜下观察以下几种岩石的微观现象：辉长岩，闪长岩，花岗岩，正长岩，流纹岩。

实习时应注意以下几个问题。

1. 鉴定岩石

第一步，仔细观察和描述岩浆岩特征；第二步，确定鉴定表中的归属位置，给予命名。

2. 观察、描述的内容和步骤

1）颜色

观察岩石总体的基本色，如紫、绿、褐、红、灰等色；当介于两种基本色之间，可以复合名称，如黄绿色、灰紫色等。在颜色程度上，可用深绿色、粉红色，浅紫色等表示。观察时要将标本置于远处（约一臂远），不要就近眼前。

2）结构

可按步骤分别观察颗粒相对大小、均匀程度，结晶程度，颗粒绝对大小。

（1）结晶程度。指岩石中矿物是全部结晶或部分结晶（图 3-31、图 3-32）。

图 3-31　各种色调的岩浆岩（从左至右依次为：辉长岩、安山岩、伟晶岩、玄武岩、浮岩、斑岩、黑曜岩、花岗岩、凝灰岩）

A. 全晶质结构；B. 半晶质结构；C. 非晶质（玻璃质）结构
图 3-32　岩浆岩的结晶程度（显微镜下）

据此可以分为以下三种。

①全晶质结构：组成岩石的矿物全部结晶，如花岗岩。

②半晶质结构：组成岩石的矿物部分结晶，部分为玻璃质，如流纹岩。

③玻璃质（非晶质）结构：组成岩石的成分全未结晶，即全部为玻璃质，如黑曜岩。

（2）晶粒大小。按照组成岩石的矿物颗粒大小可以分为以下两种。

①显晶质结构：用肉眼或放大镜即可看出晶体颗粒，又分为粗粒结构、中粒结构和细粒结构（图 3-33）。

图 3-33 不同类型及粒度的花岗岩（从左至右依次为：中—粗—细）

粗粒结构：晶粒直径大于 5mm。

中粒结构：晶粒直径 1~5mm。

细粒结构：晶粒直径 0.1~1mm。

②隐晶质结构：晶粒小于 0.1mm，岩石呈致密状，矿物颗粒用显微镜才能辨别。

晶粒大小也与岩石形成环境和岩浆成分有关。深成岩在结晶过程中冷凝缓慢，结晶时间充分，往往形成颗粒较粗的岩石；喷出岩在形成之时冷凝较快，没有充足时间结晶，往往形成隐晶质结构，甚至是玻璃质结构。如果在同样条件下，基性岩的结晶颗粒比酸性岩的更粗一些。

（3）晶粒相对大小。按岩石中矿物颗粒相对大小可以分为以下三种。

①等粒结构：又称粒状结构，是岩石中同种主要矿物的粒径大致相等的结构。常见于深成岩中（图 3-34）。

②斑状结构：岩石中矿物颗粒相差悬殊，较大的颗粒称为斑晶，斑晶与斑晶之间的物质称为基质，基质为隐晶质或玻璃质。一般斑晶结晶较早，晶形较好，而基质部分结晶较晚，多是熔浆喷出地表或上升至浅处迅速冷凝而成。斑状结构常为喷出岩或一些浅成岩所具有（图 3-35A）。

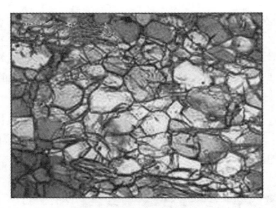

图 3-34　镜下纯橄岩等粒状镶嵌结构

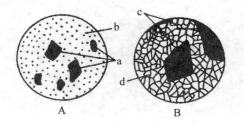

a. 斑晶；b. 隐晶质或玻璃质基质；c. 斑晶；d. 显晶质基质
图 3-35　斑状结构（A）和似斑状结构（B）

③似斑状结构：类似斑状结构，但斑晶更为粗大（可超过 1cm），而基质则多为中、粗粒显晶质结构。斑晶可以是与基质在相同或近似条件下，因某种成分过剩而形成的；也可以是在较晚时间经交代作用而形成的。似斑状结构常为某些深成岩所具有，如似斑状花岗岩（图 3-35、图 3-36）。

图 3-36　似斑状结构花岗岩（左）和斑状结构玄武岩（右，标本大约 10cm）

（4）晶粒形状。按岩石中矿物晶体形状发育程度，可以分为以下三种。

①自形晶：晶体发育成应有的形状。

②半自形晶：晶体只发育成应有晶形的一部分。

③他形晶：晶体不能发育成应有的形状，而是决定于相邻晶体所遗留的空间形状，因此常是不规则的。

晶粒的自形程度主要取决于结晶的先后顺序，在岩浆中早期结晶矿物常为自形晶，晚期结晶矿物常为他形晶。如在花岗岩中，黑云母和角闪石结晶较早，自形程度较好；其次为斜长石和钾长石，多为半自形；而石英结晶最晚，不具任何晶面，为他形晶（图3-37）。

FM—暗色矿物，为自形晶；FEL—长石，为半自形晶；QU—石英，为他形晶

图3-37 花岗岩中晶粒形状（显微镜下）

3）构造

深成岩常为块状构造；喷出岩常为气孔状构造、杏仁状构造、流纹状构造。对于气孔、杏仁构造（图3-38），应描述气孔大小、形状、有无定向排列，以及杏仁体的矿物成分。

4）矿物成分

岩浆岩中主要矿物成分及含量是命名的重要依据。对于显晶质岩石，应首先确定主要矿物成分及其相对百分含量；然后，逐个描述矿物的大小和特征，包括光学性质、力学性质，其中主要是颜色、晶形（自形、半自形、他形）、光泽、透明度、解理等。

5）次生变化

若岩浆岩具有明显岩浆期后热液作用和表生风化作用，则应对次生变化加以描述：如橄榄石、辉石常转变为蛇纹石，角闪石和黑云母常转变为绿泥石，长石常转变为绢云母及高岭石等。

图 3-38　气孔构造（左）和杏仁构造（右）

3. 岩石定名

一种岩石的定名，通常应包括颜色、结构、岩类三个基本部分。对于岩浆岩来说，冠以颜色的命名不及在沉积岩命名中的意义重要。因为岩浆岩的岩类名称中就包含各种主要矿物的种类和含量，而这些矿物都是在岩浆岩冷凝过程中随着温度的变化而逐步结晶的，每种矿物都有固定的颜色，岩石颜色的变化与矿物的含量有关，而含量的多少已经在岩类名称中反映出来，所以定下了岩类，颜色也就大体固定了。岩石名称冠以颜色，主要用于表明发生次生变化的岩石。

1）结构（构造）

结构是岩浆岩岩石命名的重要组成部分，它表明了岩浆冷凝结晶时的物理化学条件、形成环境；可以判断岩体的产状，是喷出、浅成，还是深成环境；是岩体的中心，还是边缘或顶部。

2）矿物成分

矿物成分是岩石命名的最主要依据，不同的矿物组合和含量上的变化，构成了不同的岩类，它们严格地受"矿物结晶顺序"规律控制。如早期结晶的橄榄岩，不会含有石英；同理，岩浆结晶到晚期形成花岗岩，花岗岩中亦不会含有橄榄石。只有长石在中间岩类中变化复杂，但长石的分布规律是向两端倾斜：斜长石（及基性斜长石）向基性方向倾斜；钾长石（及酸性斜长石）向酸性岩方向倾斜；其间就出现既有钾长石，也有斜长石的二长岩过渡岩类。石英的含量也有类似情况，向中性岩发展是减少的（<5%），向酸性岩类发展是增多的，大于 20% 时则成为花岗岩。所以在中性岩和花岗岩之间也存在一系列的过渡岩类。由此，为了分类命名有一个统一的标准，制定了一种钾长石-斜长石-石英三端元投影图，来具体确定它们的岩石名称。

命名举例（图 3-39）：灰色、等粒、中粒结构，一般颗粒大小为 1.5~2mm，块状构造，主要矿物：斜长石占60%，角闪石占30%，石英占10%。斜长石为灰白色、柱状、粒状，解理面常有玻璃光泽；角闪石为黑绿色、长柱状，柱面有清晰的解理面；石英无色、透明，细粒状，油脂光泽。岩石较新鲜，无次生变化。

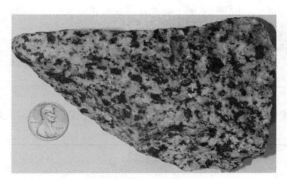

图 3-39　灰色中粒等粒石英闪长岩

定名：灰色中粒等粒石英闪长岩。

表 3-7　　　　　　　　　　　　　　岩浆岩分类表

化学成分			超基性岩	基性岩	中性岩	中性岩（半碱性）
SiO₂含量（%）			<45	45~52	52~65	55~65
颜色			黑—黑绿	黑灰—灰	灰—灰绿	肉红—灰红
矿物成分	指示矿物石英		无	无—极少	少，<5%	极少
	正长石		无	无	极少	主要，40%
	斜长石		超基性，少，<15%	基性为主，>50%	中性为主，>50%	极少
	主要暗色矿物及其含量比		橄榄石、辉石为主	辉石为主，橄榄石、角闪石次要。占40%~50%	角闪石为主，辉石、黑云母次要。占25%~40%	角闪石、黑云母占10%~20%

产状		结构	构造	岩石类型			
喷出岩	火山锥、岩流、岩被	气孔、杏仁、流纹、块状	玻璃质	火山玻璃岩（黑曜石、松脂岩）			
			隐晶质、斑状	金伯利岩	玄武岩	安山岩	粗面岩

续表

产状			结构	构造	岩 石 类 型			
侵入岩	浅成岩	岩墙、岩脉、岩床	气孔、块状	伟晶、细晶	各种脉岩类（伟晶岩、细晶岩）			
				细粒、斑状	苦橄玢岩	辉绿岩	闪长玢岩	正长斑岩
	深成岩	岩株、岩基	块状	中、粗粒等粒似斑状	橄榄岩	辉长岩	闪长岩	正长岩

3.4.5　实习报告

（1）系统描述以下岩石标本：纯橄榄岩、玄武岩、闪长岩、花岗岩、流纹岩、正长岩。

（2）在偏光显微镜下观察、认识几种岩石的矿物组合。

3.5 实习五 沉积岩的观察和鉴定

沉积岩与岩浆岩的不同之处，主要在于形成岩石的温度和压力。

首先，岩浆岩一般在一定的高温高压条件下形成，而沉积岩一般是在地表或接近地表的常温、常压条件下形成。其次，岩浆岩是由熔融状态的岩浆结晶而成的，而沉积岩的形成过程一般要经过四个阶段：即沉积物的剥蚀、搬运、沉积和成岩，因而对沉积岩中的矿物成分、结构及构造等特点进行观察和描述，来揭示沉积岩的形成过程和有关控制因素，就是沉积岩的形成条件。

沉积岩的物质可以来自五个方面：早先生成的岩石（母岩）的风化产物、有机物质、火山物质、岩浆冷却物质以及宇宙物质。

母岩经过风化后的产物可以有三种形式：一种是母岩经过风化后，并未经过变化的矿物（如石英、白云母、锆石等）；第二种是母岩中的矿物经过风化，发生分解成为新的矿物（如黏土矿物、铁铝氧化物等）；第三种是母岩中矿物经风化后，一些容易被水溶解的元素（如 Ca、Mg、K、Na 等）溶解后，随溶液流失（其中一部分以胶体形式残留在原地，如 SiO_2）。

沉积物来源的多少，取决于以下几个条件：①矿物本身的性质、抗风化能力的强弱；②沉积物来源区的风化程度，这是由来源区的气候条件和风化产物剥蚀的速度决定的。沉积物的搬运能力取决于动力大小和搬运过程中的摩擦作用和分选作用。沉积物的沉积区（沉积环境），可以包括大陆沉积环境和海洋沉积环境两大类型，不同的沉积环境可以形成不同的沉积岩。对沉积物的沉积和分布起控制作用的因素是：地形，气候，介质的动力条件，以及温度、盐度、酸碱度（pH 值）、氧化-还原电位（EH）等物理化学条件。此外，生物的作用也是很重要的因素。

沉积岩的成岩过程，往往要经历压实作用和固结作用，才能使沉积物转变为坚硬的岩石。

沉积岩最常见的矿物仅 20 多种，它们却占沉积岩中矿物成分的 99% 以上。其中主要矿物有以下几大类。

（1）硅质矿物：石英、玉髓、蛋白石。

（2）黏土矿物：高岭石、蒙脱石、水云母、绿泥石、海绿石。

（3）碳酸盐矿物：方解石、白云石、菱铁矿等。

（4）氧化铁矿物：褐铁矿、针铁矿、赤铁矿等。

（5）硅酸盐矿物：长石、白云母、黑云母等。

（6）硫酸盐矿物：石膏、硬石膏等。

（7）卤化物：岩盐、钾盐等。

（8）含水氧化铝矿物：一水铝石、水铝矿、勃姆石等。

所有上述这些矿物加上原先母岩的一些岩块、岩屑和生物遗体，可以把组成沉积岩的物质归结为三大类：碎屑物质（图 3-40）、黏土物质、化学和生物化学物质。所有沉积岩都是由这三大类物质依照不同的含量比例组合形成的。

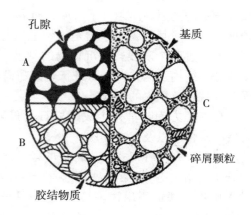

图 3-40　碎屑结构（显微镜下，×30 倍）　［碎屑颗粒（grain）之间为胶结物质（cement）或基质（matrix）所填充，也会存在孔隙（pore）］

3.5.1　实习目的和要求

（1）认识常见的沉积岩，并学会观察和描述各类沉积岩的结构、构造和组成等基本特征。

（2）掌握沉积岩的鉴定方法和分类命名原则。

3.5.2　实习准备

（1）复习教材和课堂讲授的沉积岩内容，并预习实习指导的这一部分。

（2）实习用品：放大镜、小刀、量尺、稀盐酸和偏光显微镜。

3.5.3　实习方法

先由教师示范，随后对照沉积岩鉴定表，学生自行观察、描述、记录。

3.5.4　实习内容和步骤

观察下列沉积岩标本。

（1）火山碎屑岩类：火山集块岩、火山角砾岩、凝灰岩。

（2）沉积碎屑岩类：砾岩、石英砂岩、长石砂岩、细粒砂岩、粉砂岩。

（3）黏土岩类：泥岩、页岩（炭质页岩）。

（4）化学岩、生物化学岩类：

①碳酸盐类：灰岩、鲕状灰岩（竹叶状灰岩）、生物碎屑灰岩、白云岩、泥灰岩；

②铝、铁锰质岩：铝土岩；

③硅质、磷质岩：硅藻土、燧石岩、磷块岩；

④可燃性有机岩：油页岩等。

实习过程中应注意以下几个问题：沉积岩的观察和描述内容顺序与岩浆岩基本相同；由于沉积岩一般都呈层状，按成因不同又分为碎屑岩、黏土岩和化学-生物化学岩三大类。

1. 碎屑岩

由剥蚀的碎屑物质，经搬运、沉积、胶结而成的岩石，叫作碎屑岩。碎屑岩的结构叫作碎屑结构，常见的碎屑岩包括：砾岩、砂岩、粉砂岩。碎屑结构通常由两部分物质组成，即碎屑物质和胶结物质（图3-41）。

图3-41　石英岩砾岩的野外露头，视域范围为1.5m

1）砾岩（角砾岩）

砾岩的主要类型有石英岩砾岩（图3-41）、火山岩砾岩、石灰岩砾岩（或角砾岩）、花岗质砾岩、复成分砾岩（图3-42）。

（1）观察砾石（角砾）的大小和形状：在手标本上只能大致测定一下砾石（角砾）的粒度和形状。应指出一般大小和最大或最小直径，分选性，磨圆度。对

图 3-42　砾岩

于砾石的形状，尽可能区别球形、扁圆形、扁长形、长圆形等四种形状；估计其含量，指出砾石（角砾）的主要形状特征和球度特征；此外，还要尽可能观察砾石（角砾）的表面性质，如光滑或粗糙，有无光泽，有无溶蚀痕迹，有无擦痕等。

　　（2）鉴定砾石成分：观察最常见的岩石碎屑，如由石英集合体所构成的石英岩或石英砂岩；黑色、灰白色或铁红色而刀子刻划不动的是燧石或碧玉；致密稳晶质、硬度大而有特殊颜色（浅灰绿色、暗紫红色、浅红灰色）的为凝灰岩；含有长石斑晶者为喷出岩；土状而硬度小的为黏土岩；硬度小而遇酸又起泡者为灰岩；如遇酸不起泡者可能为白云岩；如果硬度较大而遇酸微弱起泡者，可能为硅质灰岩；具有丝绢光泽而又有片理者为千枚岩或片岩。此外，应指出砾石占全部岩石的百分比含量，如果估计百分比含量困难时，可概述多少。

　　（3）鉴定充填物和胶结物：充填物是指充填于砾石（角砾）之间的较小的碎屑和黏土物质；胶结物是指把砾石（角砾）及充填物胶结起来的化学沉淀物质。

　　首先，应对砾石（角砾）、充填物及胶结物的相对含量进行估计。其次，还应对充填物及胶结物的成分进行初步鉴定，将充填物区分出石英、长石、岩屑、黏土等；将胶结物区分出硅质、钙质、铁质等。还应描述胶结的坚固程度。

　　（4）观察颜色：粗碎屑岩的颜色比较复杂，首先以充填物和胶结物的颜色作为背景；然后再分别观察各类砾石（角砾）的颜色，按色调和深浅、亮暗将砾石分为若干类。如果粗碎屑的颜色和背景不同，则把背景颜色写在前面，把粗碎屑的颜色写在后面，作为砾岩（角砾）的颜色，如红灰色角砾岩，灰绿—浅红灰色砾岩；如果粗碎屑的颜色与背景相似，只有少数粗屑颜色明显不同，则在描述时附加说明即可，如白色带少量黑色砾石（燧石）硅质胶结石英岩砾岩。

（5）命名：完整的命名首先反映岩石的颜色、胶结物和粗碎屑成分；有时还可以反映磨圆度和粒度等。例如，灰白色钙质石英岩砾岩。

（6）标本描述实例：砾岩。产地：河北宣化。层位：白垩系。浅灰色。

砾石占70%，胶结物占30%。砾石大小很不均匀，有2~20mm，一般大小为5~10mm（占40%）；分选性差；砾石多属次圆和圆级；砾石断面多呈长椭圆形。

砾石成分以白云岩和灰岩为主，此外，还有硅质岩及少量喷出岩。白云岩多呈白色，硬度小，滴酸至粉末上起泡微弱，有的具有硅质条带；有的砾石表面具有明显的氧化圈。硅质岩砾石中主要是燧石，有少量石英岩及棕红色碧玉；燧石由灰色到黑灰色，致密坚硬。喷出岩砾石一般较小，呈灰色和浅红色，可能为中性喷出岩。

胶结物为浅灰色，局部带有浅绿色，滴酸剧烈起泡，表明钙质含量高。此外含有很多细小岩屑和矿物晶屑充填物。绿色矿物为绿泥石。胶结类型属基底式。

整块岩石属圆砾状结构，胶结致密，块状构造，局部地方可以见到不明显的定向排列。

定名：浅灰色钙质胶结复成分砾岩。

2）砂岩

砂岩类型主要有石英砂岩、长石砂岩、岩屑砂岩三大类；按颗粒大小，又可将砂岩分为粗粒砂岩、中粒砂岩、细粒砂岩及粉粒砂岩（表3-8）。

表3-8 碎屑粒级分类

分类粒级（mm）		碎屑名称	胶结的岩石	碎屑结构名称	
>2		角砾（带棱角）	角砾岩	角砾状结构	碎屑结构
		砾	砾岩	粒状结构	
2~0.05	2~0.5	砂	粗砂	粗砂岩	砂质结构
	0.5~0.25		中砂	中砂岩	
	0.25~0.10		细砂	细砂岩	
	0.10~0.05		微细砂		
0.05~0.005	0.05~0.01	粉砂	粗粉砂	粉砂岩	粉砂质结构
	0.01~0.005		细粉砂		
<0.005		泥（黏土）	黏土岩（泥质岩）	泥质结构	

砂岩观察和描述方法如下。

（1）观察颜色：应对其新鲜面和风化面颜色分别进行观察，还应进一步判断它的成因（继承色、次主色或自生色）。

（2）鉴定碎屑颗粒大小：指出粗粒、中粒、细粒或粉砂级，也可用砂样管通过比较加以确定；指出分选程度，如大小不均匀，应指出大者、小者及一般粒径；如有非砂级颗粒，应说明所占百分含量；在放大镜下，初步确定碎屑磨圆度（对比法）。

（3）估计碎屑含量：常见的碎屑颗粒有石英，具油脂光泽，贝壳状断口；长石为肉红色或灰白色，解理面具玻璃光泽；片状的是云母，具珍珠光泽；此外，也有岩屑（岩屑辨认参见"砾岩"的观察部分）。需大致估计每种碎屑占全部碎屑的百分含量。以下沉积物碎屑少见：即海绿石（使岩石呈绿色）、石膏（具光亮的晶面状断口，加盐酸不起泡）、磷酸盐（有特殊气味）等。

（4）估计胶结物成分：常见胶结物有铁质（岩石呈紫红色），黏土质（土状，在水中可泡软而使岩石松散），钙质（白色加酸起泡），矽质（白色，硬度大于小刀，若经重结晶后，则分选不出碎屑和胶结物，使岩石变得致富坚硬，呈石英岩状）。可大致估计胶结物占整个岩石的百分含量、胶结类型、胶结致密程度等。

（5）观察有无生物残骸。

（6）观察构造：有无明显层理（图 3-43）等。

图 3-43　红色长石砂岩（具明显层理构造）

（7）鉴定次生变化：长石变成次生黏土，铁质氧化成次生红色，海绿石风化成褐铁矿等。

（8）命名：①首先根据碎屑成分及其含量把基本类型确定下来，包括石英砂岩、岩屑砂岩等。②进一步把胶结物名称加在前面，如钙质石英砂岩；③最后将颜色和粒度加上，如深灰色云母质硬砂岩、灰白色中粒长石石英砂岩、红色含砾黏土质铁质胶结长石砂岩等。若有明显层理构造，则将层理构造也一并表示，如紫红色交错层细粒长石砂岩等。

（9）砂岩描述举例：产地为河北唐山。层位：长城系。黄红色，不等粒砂状结构。

碎屑成分主要是石英和钾长石，少量白云母。碎屑颗粒大小不一，中粗粒；石英无色、透明；钾长石新鲜，呈肉红色，解理清楚，玻璃光泽强；白云母呈白色，珍珠光泽强；胶结物为黏土质和铁质，胶结致密。

定名：黄红色黏土质长石砂岩。

2. 黏土岩

单成分黏土岩：高岭石黏土岩、蒙脱石黏土岩、水云母黏土岩。

泥岩：泥岩、泥晶岩（图 3-44 左图）。

页岩：钙质页岩、铁质页岩，硅质页岩、黑色页岩、炭质页岩、油页岩（图3-44 右图）。

图 3-44　泥岩（左，标本大小为 7cm）和页岩（右，标本大小为 9cm）

1）黏土岩的观察和描述

黏土岩的矿物非常细小，肉眼鉴定非常困难。然而黏土岩的颜色和物理性质研究非常重要，一方面，可以帮助判别黏土岩的矿物成分；另一方面，可以帮助我们了解其工业价值，如膨胀性大的蒙脱石或可塑性好的高岭石的工业价值当然就高。

（1）颜色：黏土岩在干燥和潮湿时分开观察。颜色能反映黏土岩的物质成分，质纯的黏土岩往往为浅色（白色、灰白色、浅红色等）；当混入杂质时，颜色就会改变，如混入有机质则呈黑色，混入氧化铁则呈褐色等。颜色还能反映其工业性能，鲜红色、紫红色或褐色黏土岩不能作耐火黏土；而白色、浅灰色和浅黄色黏土岩，可以作耐火黏土；暗灰色和黑色的黏土岩有时可作耐火黏土。

（2）物理性质：断口、滑腻程度、可塑性、在水中是否易泡软、膨胀性、裂隙性、吸附舌头性能等。如有少量砂或粉砂，则用门齿轻微试之即可发现，含量多时，则断口呈土状。如黏土的主要成分为黏土微粒，并具有可塑性，则具脂肪断口或丝绢断口，不具有可塑性时，则为不平坦断口或贝壳断口。蒙脱石黏土在水中很容易泡软，且膨胀性很大；而高岭石黏土则反之。蒙脱石黏土在干燥时，标本上会出现裂隙，用舌头轻舔之，强烈地吸附舌头，说明黏土的孔隙度高。泡在水中立即散开的黏土，说明具有高的吸附性能，可作漂白剂。

（3）肉眼可见的机械混入物：应鉴定其成分和百分含量，并用盐酸试验其有无钙质。

（4）观察生物化石含量、种类等。

（5）黏土的构造。必须指出，由于黏土矿物是细分散矿物，通常用肉眼及显微镜不能准确地鉴定，需采用其他一些专门研究方法，如油浸法、染色分析、X射线分析、差热分析和电子显微镜观察，尤其后两者更为有效，但更多地需要综合利用各种方法。

2）黏土岩鉴定描述实例

膨润土（蒙脱石黏土）。产地：河北宣化。层位：白垩系。

浅肉色或白色。断口粗糙，不很滑腻。在水中很易泡软，并膨胀到原体积的2~3倍。吸附舌头性能不高，较疏松，具裂隙。含少量分解残余物，块状构造。

3. 碳酸盐岩（钙质岩）

碳酸盐岩的主要类型有以下两种。

石灰岩：生物灰岩、化学灰岩、碎屑灰石；

白云岩：同生白云岩、次生白云岩。

碳酸盐岩观察描述方法如下。

（1）区别石灰岩和白云岩：首先根据岩石的颜色及加稀盐酸（<5%）的反应速度，可大致区分石灰岩（图3-45）和白云岩。

石灰岩常含有碎屑和黏土质混入物、铁的化合物及有机物质等，故多呈深色；加稀盐酸剧烈起泡。

较纯的白云岩颜色较浅，有时还带点褐色，加稀盐酸不起泡，但向刮下的一些粉末物质加稀盐酸，有时能起泡；其次，也可以用简易的染色法更准确地区别石灰岩和白云岩。根据加稀盐酸或染色法还可以区别石灰岩和白云岩间的一些过渡型岩石。

（2）观察岩石的结构：首先区分三种主要结构类型，即生物结构、碎屑结构、结晶粒状结构。

（左上：白垩，一种富含微藻类和有孔虫的海洋环境的石灰岩。右上：钙化，石灰华，化学沉淀形成的富钙碳酸盐。左下：生物碎屑灰岩，生物化石在海洋富钙沉积岩中常见。右下：颗粒灰岩，粗粒的颗粒支撑缺少泥晶的一种灰岩类型，标本为奥陶纪）

图 3-45 各种类型石灰岩

生物结构，首先依生物遗骸的完整程度区别为生物结构和生物碎屑结构；再进一步鉴定主要生物的种属，用作岩石命名，如：珊瑚石灰岩、腕足类生物碎屑灰岩等。

碎屑结构，应进一步按角砾状、砾状、砂状、鲕状、豆状等不同情况详加观察和描述。砾状结构应注意砾石的形状、大小、排列式、有无氧化圈等。砂及粉砂状结构，由于颗粒细小肉眼不易分辨，需借助镜下观察，方能最后确定。

结晶粒状结构，应注意结晶粒度的大小。一般用肉眼鉴定，可以大致确定结晶粒度；但对于结晶粒度细小的岩石，往往要借助薄片鉴定才能确定。

（3）颜色：碳酸盐岩石的颜色与所含的色素离子成分有关。一般石灰岩和白云岩呈各种灰色，有些白云岩还带点褐色。岩石的深浅程度常和黏土质及少量有机质混入物有关。例如，有机质含量多，则明显呈黑色，常见的沥青灰岩即属此，以锤击之，会有臭味，故又名"臭灰岩"；某些炭质灰岩，又名"石煤"，也呈黑色；锰质灰岩一般呈浅灰色，但在风化标本中也具黑色或黑棕色；绿色岩石通常与黏土物质及海绿石或分散的低铁氧化物有关；粗结晶的岩石色调变淡，多呈白色或浅色。

（4）硬度：岩石的硬度与含硅质成分有关。不含硅质的岩石很易被小刀划动；而硅质灰岩，则用小刀很难刻划，谓之硅化。

（5）观察副成分矿物：包括碎屑成分。如果某种副成分含量多，可在岩石名称之前附加以特殊成分种类，作为形容词来描述。

（6）构造：碳酸盐岩构造大部分需要在野外岩石露头处研究，但有时在手标本上也能看到一些构造，例如，某些薄层理、显微层理、缝合线、虫迹、叠锥等也应描述。有时按岩石特殊的构造作为形容词来命名，例如，薄层灰岩、条带状白云岩等。

如图 3-46 所示，上部为苔藓虫灰岩，下部为白垩，两者的界线被一条形成于 6500 万年前的极窄暗色黏土层所划分，黏土层中有燧石结核，呈斑状分布，该黏土层中有陨石中常见而地球罕见的金属物质——铱，该层是墨西哥尤卡坦半岛的陨石坑形成的结果，标志着中生代的结束和包括恐龙在内的生物大灭绝。

图 3-46　两种类型的石灰岩［Stevns Klint 丹麦世界著名的 K—T（白垩纪—第三纪地质界线）］

（7）定名：一种碳酸盐岩的详细命名，全名应包括颜色、构造、结构、生物成分和副成分矿物、次生变化以及主要名称等内容，例如，浅灰色具明显斜层理中厚层含石英粉砂白云石化细晶质鲕状灰岩，这是完整的命名法。通常简单定名时只需颜色、结构、岩类，如前例，可简化为浅灰色鲕状灰岩，而其他内容作为岩石描述特征时所述的内容。本次课堂实习可按后一种方法进行。在野外地质观察记录时，则用前一种全名法比较简便，可省去很多描述。

3.5.5　实习报告

（1）系统描述下列沉积岩：砾岩、长石砂岩、粉砂岩、页岩、泥灰岩、白云岩（图3-47）、鲕状灰岩、火山角砾岩、凝灰岩。

图 3-47　白云岩（水平层理受挤压而倾斜，笔为参照物，产地摩洛哥）

（2）在偏光显微镜下观察以下几种沉积岩：晶屑玻屑凝灰岩、生物碎屑灰岩、石英砂岩、粉砂质泥岩。

3.6　实习六　变质岩的观察和鉴定

变质岩是变质作用的产物，是地壳中已有的岩浆岩和沉积岩经受变质作用后形成的岩石。

变质岩的岩性特征，一方面，受原先岩石的控制，因而具有一定的继承性，如保留了各种变余结构；另一方面，由于经受了不同的变质作用，在矿物成分和结构、构造上具有其自身的特殊性，如含有变质形成的新矿物和矿物定向排列的构造等。变质岩在我国和世界各地分布很广，前寒武纪的地层绝大部分由变质岩组成。

岩浆岩或沉积岩经受变质作用的方式是多种多样，主要有以下四种。

（1）重结晶作用：高温条件下，原有矿物晶粒由于重新结晶长大而粒度变大，或者由于原先岩石中化学成分的重新组合而形成新矿物的一种作用。

（2）变形作用：由于定向压力长时间地作用于岩石上，当压力强度超过岩石中矿物弹性限度时，使岩石变形或破碎的一种作用。

（3）变质分异作用：指成分和结构、构造比较均匀的岩石，在变质时由于温度、压力、应力和溶液等的影响，使岩石中某些组分迁移和聚集、形成新组合和结构，构造上下均匀的变质岩的一种作用。

（4）交代作用：指在某些变质作用过程中，有物质成分的加入和带出的一种作用。

原先岩石的成分和结构通过上列四种物理化学作用方式之一，或几种方式的综合而发生变化，引起了岩石的变质。

3.6.1　实习目的和要求

（1）学会辨认四类变质岩的岩石结构、构造特征，和辨认一些变质矿物的鉴定方法。

（2）初步识别四种变质类型的代表性岩，掌握初步命名的方法和原则。

3.6.2　实习准备

（1）复习教材和课堂讲授的沉积岩内容，并预习实习指导的这一部分。

（2）实习用品：放大镜、小刀、量尺、稀盐酸和偏光显微镜。

3.6.3　实习方法

先由教师示范，随后对照沉积岩鉴定表，学生自行观察、描述、记录。

3.6.4 实习内容和步骤

观察以下几类变质岩（图3-48）。

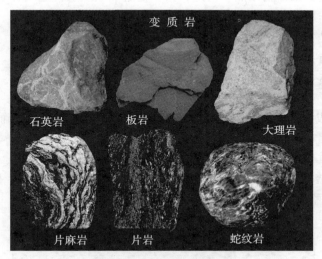

图3-48 各种类型的变质岩

（1）区域变质岩：板岩、千枚岩、绿泥石片岩、云母片岩、片麻岩。

（2）动力变质岩：构造角砾岩、碎裂岩、糜棱岩、千糜岩。

（3）热接触岩：大理岩、石英岩、角岩。

（4）混合岩：条带状混合岩、混合花岗岩。

实习时应注意以下几个问题。

变质岩是固态原岩岩浆岩、沉积岩，或者原先的变质岩经过变质作用而形成的岩石。它已改变了原先岩石的面貌。因此，变质岩常表现为"三不像"：既不像侵入岩有良好的矿物结晶外形，又不像沉积岩有很好的沉积层理，也不具有喷出岩那样的结构。

变质岩的观察和描述与其他岩石相似，也包括颜色、构造、结构、矿物成分、次生变化等特征。所不同的是，变质岩的构造、结构和矿物成分特征与岩浆岩、沉积岩有显著不同，它们反映了变质过程的物理化学条件和形成的历史。

（1）颜色：变质岩的颜色往往反映了岩石中矿物成分。如深绿色，表明有大量的角闪石和绿泥石，大多数是由基性岩浆岩或富含镁、铁质的沉积岩变质而来；浅色，往往斜长石、石英的含量较高，可能由长石、石英砂岩或酸性火山岩变质而来；肉红色，往往表明有大量的正长石。

（2）构造：是变质岩的一个很重要特征，反映了变质作用的方式。如果变质岩的矿物颗粒粗大，但自形程度又不好，往往是重结晶作用的产物；有矿物定向排列的片状或麻状构造，或者沿着一定片理方向矿物都碎裂了的，表明是经过动力变质作用的结果；如果矿物结晶不清楚，大多是隐晶质块状构造或有新矿物出现，表明是交代变质作用的结果。

①片理：是变质岩中最常见的一种特征构造。

②块状构造：无明显定向排列的粒状矿物构造。

③条带构造：不同颜色、不同矿物组分呈带状或层状分布。

（3）结构：根据矿物颗粒大小、形状来区分结构。

（4）矿物成分：要注意生成的变质矿物种类和含量。难以准确估计变质岩矿物含量，估计相对含量即可。

常见的变质矿物（图 3-49）有：石榴子石、蓝闪石、绢云母、绿泥石、红柱石、阳起石、透闪石、滑石、硅灰石、石墨、蛇纹石、十字石、硅线石（夕线石）、透辉石、蓝晶石等。凡具有一种变质矿物者，即为变质岩。

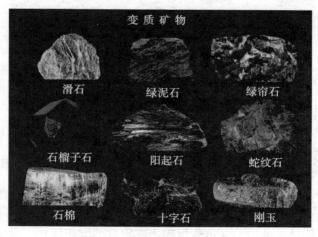

图 3-49　各种类型的变质矿物

（5）定名：变质岩的命名是比较复杂的，这里只要求把几种代表性的变质岩名称按大类定准。精确的变质岩命名通常要在偏光显微镜下经过详细鉴定并结合岩石化学成分来进行。

（6）变质岩的描述举例。

灰白色，具片状构造，粒状变晶结构，主要组成矿物是白云母、绢云母含量占 60% 以上，此外有石英、酸性斜长石。白云母、绢云母：无色，透明、薄片状，丝绢光泽，硬度小。石英：粒状、灰白色、断口油脂光泽，硬度大于小刀，无解理，目估含量为30%左右。斜长石：粒状，灰白色，玻璃光泽，有解理，硬度大于小刀，目估含量10%左右。

　　定名：绢云母石英片岩。

3.6.5　实习报告

　　系统观察、描述下列变质岩：大理岩，蛇纹岩，云英岩；板岩，千枚岩，片麻岩，条带状（眼球状）混合岩。

第4章 野外实习线路介绍

4.1 浦北五皇山国家地质公园实习路线及要点

4.1.1 实习路线概况

五皇山地质公园位于广西壮族自治区南部浦北县五皇岭山脉中南段。地理坐标22°07′30″—22°12′10″ N、109°19′17″—109°24′45″ E，海拔60~770m，占地面积32km²。

该公园距浦北县城 30km、北海市 123km、钦州市 135km、南宁市 209km。于2008 年 8 月成为省级地质公园；2011 年 12 月，获得国家地质公园资格；2015 年12 月，通过国土资源部实地验收，并同意命名。

整个园区属低山丘陵地貌区，山脊线呈鱼骨状排列，其纵向主脊线呈北东—南西走向，由人头岭、石柱岭、妹追寨等几个海拔 600~770m 的山峰组成；横向次级山脊线则呈北西—南东走向，由上丹竹、下丹竹等众多 200~550m 的山峰组成。

公园所在地区属海陆过渡区亚热带季风气候，年均温 21.5℃，年均降水量1763mm；地表水以溪流为主，主要有仙童溪和仙女溪，均发源于园区，属南流江水系，分别为园区南部和东南部的主要水源；地下水以花岗岩裂隙水、风化带水、第四纪孔隙水等为主，补给、径流、排泄条件均良好。

在扬子和华夏地块接合部的桂东南部大容山、六万大山和十万大山一带，分布着大量原地、半原地混合及中深成相粗粒、浅成、超浅成相细粒花岗岩体，它们具有相同性质的物质来源和演化关系，被统称为"大容山-十万大山花岗岩带"。

该花岗岩带受控于岑溪-博白和灵山-藤县两大断裂及其分支断裂，呈北东—南西向展布，东北起于梧州附近，西南延伸至东兴及越南境内，分为大容山亚带（由深成相的花岗岩体组成，以大容山岩体、浦北岩体、旧州岩体等为代表）和十万大山亚带（由浅成、超浅成相花岗岩体组成，以台马岩体为代表）。五皇山地质公园地处大容山-十万大山花岗岩带之浦北岩体的西南角，主要由黑云母花岗岩构成。

4.1.2 实习任务

（1）了解花岗岩体的构造背景。

（2）区分斑状结构与似斑状结构及其代表的地质意义。

（3）鉴别花岗岩中的矿物成分。

（4）识别花岗岩地貌中各景观类型及特征。

（5）了解五皇山花岗岩地貌的形成演化过程。

4.1.3 观察点及内容

1. 路线一

1）五皇山形成机理

中三叠世期间，五皇山区域产生了大规模的岩浆活动，历经岩浆侵位、分异、冷凝结晶后，逐渐形成一个时间上连续、建造上完整的巨型花岗岩岩基——浦北岩体，在持续的隆起剥蚀后，花岗岩体大面积出露，终出露于地表并形成山。

2）垂直分带性

垂直分带性即垂直地带性，通常指在高山地区自然地理现象随高度递变的规律性。由于气温随高度增加而迅速降低，降水和湿度在一定限度内随高度增加而增大，从而形成山地气候的垂直分带，受其影响，土壤、生物等自然地理要素出现相应的变化，几乎每个山区都有垂直分带现象。第一条路线的设计重在考察植被的垂直分带性。

植被发育规律：从山顶—山腰上部—山腰下部—山麓，植被发育规律表现为台地草坪带—连片低矮小灌木林—连片天然红椎林带—香蕉生产区的变化，具有明显的垂直分带性。

3）球形风化

球形风化指岩石出露地表接受风化时，由于棱角突出，易受风化（角部受三个方向的风化，棱边受两个方向的风球状风化，而面上只受一个方向的风化），故棱角逐渐缩减，最终呈现出趋向球形的风化结果（图4-1）。

图 4-1　球形风化形成的石蛋

园区内花岗岩球形风化（石蛋）：花岗岩节理发育，把岩体分成许多岩块，由于温度急剧变化，使岩块的表里和各种矿物胀缩不均，岩块表层产生裂纹并不断破碎，加之化学风化作用的影响，岩块表层受到化学分解，风化作用不断进行，棱角逐步圆化，使岩块逐步变为球状。球状风化的碎屑物质被剥离以后，残留的球形岩块称为石蛋。

球状风化是花岗岩地段比较突出的一种不良地质现象。如果在勘察阶段不能充分地了解其分布特点，很可能在工程施工和线路运营过程中导致施工困难（断桩、增加施工成本）、上部结构失稳（不均匀沉降）等问题。故在此进行球形风化知识的普及，并加强其对工程施工方面影响知识的学习，实现知识与应用的结合。

4）石蛋群存在机理分析

山体山顶面上暴露或接近于地表的花岗岩块体，由于雨水和温度变化发生流水侵蚀和风化作用，在不同部位产生差异风化。于块体内部，岩性密，抗侵蚀能力强，以强度相对较弱的物理风化为主，逐渐形成风化壳；块体接触处，抗侵蚀能力较弱，发生强烈的流水侵蚀作用和化学风化作用，棱角逐渐趋于圆滑。

经过雨水不断冲刷掉前期形成的风化壳，进行下一步的差异侵蚀和冲刷作用的反复变化，石蛋的体量逐渐变小，局部的残留物成为山顶的石蛋，呈现出群状高密度集中分布于山顶，从而组合成为"石蛋群"（图 4-2）。

图 4-2　球形风化形成的石蛋群

5）植物群落

植物群落是指生活在一定区域内所有植物的集合，是每个植物个体通过互惠、竞争等相互作用而形成的巧妙组合，是适应其共同生存环境的结果，能起到固定能量、维持其内部生物的生命活动、推动自然综合体形成较为复杂的结构的作用。

每一相对稳定的植物群落都有一定的种类组成和结构，一般在环境条件优越的地方，群落的层次结构较复杂，种类也丰富。如热带雨林具有独特的外貌和结构特征，与世界上其他森林类型有明显的区别。

热带雨林主要生长在年平均温度 24℃ 以上，或者最冷月平均温度 18℃ 以上的热带潮湿低地。全年呈深绿色，植物种类丰富，高大乔木、藤本植物等错落丛生，世界上三大亚热带地区都分布有热带雨林。

在此，根据植物群落基本概念以及《中国植被》① 所采用的三种基本等级制，分别进行基本单位的群丛、中级单位的群系、高级单位植被型的解释，并进行植物群落的基本特征描述，主要指其种类组成、种类的数量特征、外貌、结构等，群落的形成、发育和变化、演替及演化等动态特点的介绍。

根据教学需求，适当普及植物群落考察方法、内容以及特征分析等方面的知识，开拓学生进行相关研究的视角。

浦北县属南亚热带季风气候区，五皇山位处于浦北县境内，属于海陆过渡区亚热带季风气候，园区内的植被具有典型的亚热带常绿阔叶林特征。基于此，路线实习重在诠释亚热带季风气候特征，解释园区植物景观的形成原因，并和其他气候类型进行对比分析，探索其异同。

6）黑云母花岗岩

黑云母花岗岩岩体呈浅肉红色。岩石由钾长石、斜长石、石英、黑云母组成，副成分矿物有磁铁矿、榍石、锆石、磷灰石等。岩体侵入于南园组，发育高岭土化，为燕山早期的产物，并因受挤压具有较强烈片麻状构造。岩体中有较多的闪长岩类包体。

园区花岗岩属于钙碱性系列花岗岩。园区的黑云母花岗岩，常具似斑状结构或斑状结构。其中，斑晶主要以具有不同环带构造的微斜长石为主，而基质部分具有不同等的粗—细花岗结构，常由黑云母、微斜长石、斜长石和石英等构成。宏观和微观层面均表现出明显的分带现象和规律：宏观上，由中心相到边缘相呈过渡性变化；微观上，结构由似斑状结构向斑状结构，斑晶含量由多到少，定向到半定向到不定向转变，斑晶和基质的粒度由中粒到细粒再向细粒或中细粒转变。

7）植物的根劈作用

根劈作用是生物物理风化作用的一种方式，在植物茂盛、岩石裂隙发育的地区较为常见，指生长在岩石裂隙中的植物，特别是一些高等植物，随着植物长大，根部变粗，对周围岩石所产生的压力（可达 1~1.5MPa），这种压力促使岩石裂缝扩大、加深，以致崩解。

---

① 吴征镒. 中国植被. 科学出版社，1995.

园区内植物的根劈作用广泛存在（图 4-3）。基于此，路线实习重在普及植物根劈作用的过程：植物幼小时，植物短小的根须伸入岩石裂缝；随着植物长大，根系变粗，将岩石裂缝进一步撑大；当植物根系大到一定程度，岩石裂缝过大，最终碎裂。

图 4-3　植物的根劈作用

2. 路线二

1）S 型花岗岩

S 型花岗岩是一种以壳源沉积物质为源岩，经过部分熔融、结晶而形成的花岗岩。"S"指沉积一词的第一个字母。S 型花岗岩属造山期花岗岩，产于克拉通内韧性剪切带和大陆碰撞褶皱带内，以堇青石花岗岩和二云母花岗岩组合等过铝质花岗岩为代表。

五皇山以典型的 S 型花岗岩——浦北岩体为物质基础（图 4-4），发育了众多形态典型、类型齐全的花岗岩地貌景观，如五皇山石蛋群，是广西区域内典型的花岗岩（侵入岩）地貌景观，也是原地风化型花岗岩石蛋景观和中国南方亚热带花岗岩景观的典型集中发育区和代表，是进行中国花岗岩景观对比研究的关键区域。

证据：园区内代表性样品的稀土元素表现出明显的轻稀土富集、重稀土亏损的特征，表明岩体的岩浆主要来自地壳；经研究确定园区内花岗岩物源来自古老地壳（16.7 亿~21.9 亿年）的重熔作用，为印支期典型的重熔型 S 型花岗岩；园区内花岗岩中存在的数量不等、多种多样的变质岩包体，如片岩包体、变粒岩包体、变质砂岩包体等，为变质岩部分熔融形成寄主花岗岩岩浆的残余。

2）沟谷

沟谷是暴流侵蚀所成的槽形洼地，在沟谷弯曲的凹坡处，冲蚀和掏蚀作用表现

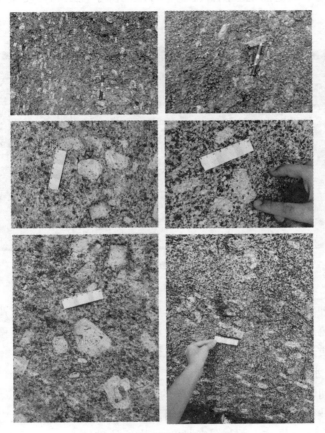

图 4-4　似斑状结构花岗岩

得尤为明显。在凹地中，它的两侧和上游片流水质点向中间最低处汇集，形成流心线，在此水层增厚、流速加大、冲刷能力增强的情况下，加上跌水、涡流和重力崩塌的作用，逐渐把凹地冲刷加深，形成了沟谷和沟谷流水。

3）流水地貌

地表流水在陆地上是塑造地貌最重要的外动力。它在流动过程中，不仅能侵蚀地面，形成各种侵蚀地貌（如冲沟和河谷），而且把侵蚀的物质，经搬运后堆积起来，形成各种堆积地貌（如冲积平原），这些侵蚀地貌和堆积地貌，统称为流水地貌。

地表流水是一种非常重要的外力作用，在陆地地貌的形成与发展过程中，地表流水是一个最普遍、最活跃的因素（图 4-5）。地表流水主要来自大气降水，由于大气降水在地球上分布较普遍，所以流水作用形成的地貌在陆地表面几乎到处存在。大气降水受不同自然地理条件控制，各地的降水性质和强度差异很大，加上其他条件的影响，致使流水地貌形态十分复杂。

图 4-5   流水作用

流水的三种作用：侵蚀作用、搬运作用和堆积作用，主要受流速、流量和含沙量的控制。当流速较大、流量增加，或含沙量减少时，流水就产生侵蚀作用，并将侵蚀下来的物质运走；反之，就发生堆积作用。

4）冲沟与水土流失

冲沟是由间断流水在地表冲刷形成的沟槽，加速水流侵蚀切入地表、切割土地，使之支离破碎，不易对土地进行利用。冲沟发育地带，水土流失，造成土地建设困难，不采取防范措施，将继续加重对可耕地的破坏。

根据冲沟的四个阶段判定进行相应的防护措施：

（1）冲槽阶段：坡面径流局部汇流于凹坡，开始沿凹坡发生集中冲刷，形成不深的冲沟，沟床的纵剖面与斜剖面基本一致。在此阶段，只要填平沟槽，调节坡面流水不再汇流，种植草皮保护坡面，即可使冲沟不再发展。

（2）下切阶段：冲沟不断发展，沟槽汇水增大，沟头下切，沟壁坍塌，使冲沟不断向上延伸和逐渐加宽。此时的沟床纵坡面与斜坡面已不一致，出现悬沟陡坎。在沟口平缓地带开始堆积洪积物。在此阶段，如果能够采取积极的工程防护措施，如加固沟头、铺砌沟底、设置跌水坎和加固沟壁等，可防止冲沟进一步发展。

（3）平衡阶段：悬沟陡坎已经消失，沟床已下切拓宽，形成凹形平缓的平衡剖面，冲刷逐渐减弱，沟底开始堆积洪积物。在此阶段，应注意冲沟发生侧蚀，并加固沟壁。

（4）休止阶段：沟头溯源侵蚀结束，沟床下切基本停止，沟底堆积洪积物，并开始有植物生长。

5）垂直分带性

路线实习重在考察花岗岩出露面积的垂直分带性和风化强度的垂直分带性。

流水侵蚀/风化强度的垂直分带性：从山顶—山腰—山脚，地表流水由少渐多，由暂时性向常年性流水转变，对应地，流水侵蚀程度逐渐增强，而风化作用总体呈现由强到弱的变化趋势。

花岗岩出露面积的垂直分带性：从山顶到山脚，花岗岩出露面积呈现由大渐小、从连片到零散到稀疏的变化趋势，石蛋的分布数目也呈现典型的倒圆锥式分布规律。

6）地质灾害

地质灾害是指在自然或者人为因素的作用下形成的，对人类生命财产、环境造成破坏和损失的地质作用（现象）。如崩塌、滑坡、泥石流、地裂缝、地面沉降、地面塌陷、岩爆、坑道突水、突泥、突瓦斯、煤层自燃、黄土湿陷、黄土膨胀、砂土液化、土地冻融、水土流失、土地沙漠化及沼泽化、土壤盐碱化，以及地震、火山、地热害等。

园区内地质灾害实习重在诠释崩塌、滑坡、水土流失等地质灾害的监测与防治。崩塌指较陡的斜坡上的岩土体在重力的作用下突然脱离母体崩落、滚动堆积在坡脚的地质现象；滑坡指斜坡上的岩体由于某种原因在重力的作用下沿着一定的软弱面或软弱带整体向下滑动的现象；水土流失指人类对土地的利用，特别是对水土资源不合理的开发和经营，使土壤的覆盖物遭受破坏，裸露的土壤受水力冲蚀，流失量大于母质层育化成土壤的量，土壤流失由表土流失、心土流失而至母质流失，终使岩石暴露。侵蚀作用分为水力侵蚀、重力侵蚀和风力侵蚀三种类型。

7）岩石风化

岩石风化包括物理风化、化学风化和生物风化3种基本类型（图4-6）。

生物风化：受生物生长及活动影响而产生的风化作用，是生物活动对岩石的破坏作用。一方面引起岩石的机械破坏，如树根生长对岩石产生的压力可达98MPa，树根深入岩石裂缝，能劈开岩石；另一方面植物根分泌出的有机酸，也可以使岩石分解破坏。此外，植物死亡分解可以形成腐殖酸，这种酸分解岩石的能力也很强。生物风化作用的意义不仅在于引起岩石的机械和化学破坏，还在于它形成了一种既有矿物质又有有机质的物质——土壤。

物理风化：岩石只发生机械破碎而化学成分未改变的风化作用。物理风化的结果是形成各种碎屑物质。

化学风化：岩石在氧、水和溶于水中的各种酸以及生物的作用下，发生化学分解的风化作用。

图 4-6　岩石风化

8）差异风化

由于组成岩石的矿物成分差异，岩石不同部位的风化速度和风化程度不同。在相同的风化条件下，常常在岩石表面形成凹凸不平的地貌现象，抗风化能力强的部位突出，抗风化能力弱的部位凹入，称为差异风化。

9）节理

节理，指岩石在自然条件下形成的裂纹或裂缝，是常见的一种构造地质现象（图 4-7）。按节理的成因，分为原生节理和次生节理两大类。

原生节理：指成岩过程中形成的节理。例如沉积岩中的泥裂，岩浆冷凝收缩形成的柱状节理，岩浆入侵过程中由于流动作用及冷凝收缩产生的各种原生节理等。

次生节理：指岩石成岩后形成的节理，包括非构造节理（风化节理）和构造节理。非构造节理指由外动力作用形成的，如风化作用、山崩或地滑等引起的节理，常局限于地表浅处。构造节理是所有节理中最常见的，它根据力学性质又可分为张节理和剪切节理，前者即岩石受张应力形成的裂隙，后者即岩石受切应力形成的裂隙。

10）成土作用

成土过程是在生物因素参与下发生的，它只能发生在地球上出现生命（特别是绿色植物）之后，成土过程一经发生，便不可能再孤立，一定与风化过程同时

图 4-7 园区内岩石节理发育

进行，因为岩石开始风化也就开始了成土过程，因此两个过程是无法分离的。所以土壤的形成和发育过程，可以看作以母质为基础，与各个自然要素不断进行物质和能量交换的过程。

11）夷平面

夷平面又称为均夷面，是准平原的存在形式之一。地壳在长期稳定的条件下，由各种外动力地质作用对地面进行剥蚀与堆积的统一过程，形成一个近似平坦的跨流域地面。夷平面的成因和性质很复杂，既包括剥蚀面，也包括相关沉积面，形成夷平面需要很长时间，约千万年或数万年。夷平面和溶蚀丘陵是古地形面或古地形面残余，真实地记录了地面抬升历史。

鉴别标志：①山顶面一般比较平整，并处于大致相等的高程上，切割不同的构造形态。②在夷平面上，可能还遗留着古侵蚀沟谷（坳沟）的残迹，沟谷的形态和后期有明显的差异，前者切割较浅，而后者侵蚀较深。③夷平面的低凹处可能还残留着零散的沉积物，或风化很深的风化壳，这种沉积物与下伏地层呈角度不整合接触。其中，最后一条最重要。

12）迎风坡和背风坡

由于地形对气候的影响，山地的迎风坡和背风坡常形成不同的自然环境，进而形成了不同的人文环境。迎着气流来向的山坡叫作迎风坡。在迎风坡，由于气流遇到山地被迫沿着山坡抬升，上升运动随之增强，空气中所含有的水汽便很容易凝结而形成云和降水，有利于降水产生或加强降水。背风坡处于暖湿气流被地形阻挡的背面，气流因下沉而升温，难成云致雨，降水较少。

进行迎风坡和背风坡的对比分析：①气候差异。迎风坡由于地形对暖湿气流的阻挡抬升而降温，易成云致雨，降水较多，背风坡盛行下沉气流而增温，难以成云致雨，降水较少。迎风坡上不同的海拔高度，降水也有差异，山麓和山顶地带降水少些，因山麓地带气流抬升不够，成云致雨少些，到山顶部分空气湿度已经大大降低，云雨少些，山体的中部降水最多。迎风坡气温的日较差和年较差比背风坡的小，因迎风坡多云、雾、雨天气，白天大气对太阳辐射的削弱作用强，气温不会过度升高，夜晚大气对地面的保温作用强，气温不会过度降低；背风坡反之。②自然带的差异。在同一自然带，迎风坡分布的海拔高些，背风坡分布的海拔要低些，因迎风坡降水多，且热量要丰富些，如果山地对气流过度抬升，迎风坡和背风坡甚至呈现出完全不同的自然景观。③雪线的海拔高度不同。迎风坡雪线分布的海拔低些，背风坡分布的海拔高些。因为迎风坡降水多，更易积雪，水循环更活跃；背风坡气流下沉增温干燥，积雪更易融化和蒸发，同时降水少，积雪也少。④人文景观差异。迎风坡自然条件更优越，人口、城镇分布较背风坡密，经济较背风坡发达。

13）台地

台地，是指沿河谷两岸或海岸隆起的呈带状分布的阶梯状地貌，呈凸起的面积较大且海拔较低的平面地形。台地中央的坡度平缓，四周较陡，直立于周围的低地丘陵，介于平原和高原之间，海拔在百余米至几百米之间，是由平原向丘陵、低山过渡的一种地貌形态。根据成因可将台地分为构造台地、剥蚀台地、冻融台地等；根据物质组成，则分为基岩台地、黄土台地、红土台地等。

五皇山园区内山岳众多，山体多呈巨型穹隆状，山顶面平坦形成台地，延绵几千米，属于构造-剥蚀型红土台地，是花岗岩岩体出露地表后，历经地史时期漫长的剥蚀、侵蚀作用而形成。山顶面基本平坦，四周有陡崖，且直立于临近低地，是桂东南面积最大和保护最好的花岗岩台地。

3. 路线三

1）裂隙水

裂隙水是岩石裂隙中的地下水，是丘陵和山区供水的重要水源、矿坑水的重要来源。

按含水介质裂隙的成因，可将裂隙水分为风化裂隙水、成岩裂隙水与构造裂隙水。

（1）风化裂隙水：通常分布比较均匀，水力联系较好，但含水体的规模和水量都比较局限，赋存于岩体的风化带中。风化作用与卸荷作用决定了岩体的风化裂隙带在近地表处呈壳状分布，通常厚数米至数十米，裂隙分布密集均匀，连通良好的风化裂隙带构成含水层，未风化或风化程度较轻的母岩构成相对隔水层。

（2）成岩裂隙水：赋存于各类成岩裂隙中，成岩裂隙是沉积岩固结脱水及岩浆岩冷凝收缩形成的裂隙，在一般情况下，成岩裂隙多为闭合，不构成含水层，但在陆地地表喷溢的玄武岩的裂隙发育且张开，可构成良好含水层。另外，在岩脉及侵入岩体与围岩的接触带，冷凝后可形成张开的呈带状分布的裂隙，赋存带状裂隙水；熔岩流冷凝过程中未冷凝的熔岩流走，在岩体中留下的巨大熔岩孔道，形成管状含水带，可成为强富水的含水层。

（3）构造裂隙是固结岩石在构造应力作用下形成的最常见的裂隙。构造裂隙水以分布不均匀、水力联系不好为特征。在钻孔、平硐、竖井及各种地下工程中，构造裂隙水的涌水量、水位、水温与水质往往变化很大。这是由于构造裂隙的分布密度、方向性、张开性、延伸性极不均一所造成的。

2）孔隙水

孔隙水是主要赋存在松散沉积物颗粒间孔隙中的地下水，呈层状分布，空间上连续均匀，含水系统内部水力联系良好，其分布、补给、径流和排泄取决于沉积物的类型、地质构造和地貌等，是工农业和生活用水的重要供水水源。

不同成因的沉积物中，存在不同的孔隙水。

在山前地带形成的洪积扇内，近山处的卵砾石层中有巨厚的孔隙潜水含水层；到了平原或盆地内部，由于砂砾层与黏土层交互成层，形成承压孔隙水含水层。

在平原河流的上游多为切割峡谷，沉积物范围小，厚度不大，但岩性多为粗粒，可赋存少量地下水；中游典型的二元阶地的高层接受降水补给，底层接受河水补给，赋存地下水丰富；下游地区的河床相的砂砾层中，存在宽度和厚度不大的带状孔隙水含水层。

在湖泊成因的滨岸边缘相的粗粒沉积物中，多形成厚而稳定的层状孔隙水含水层。在冰川消融水搬运分选而形成的冰水沉积物中，有透水性较好的孔隙水含水层。深层孔隙承压水往往远离补给区，离补给区越远，补给条件越差，补给量有限，故对深层孔隙承压水的开采应有所节制。

五皇山园区内的地下水以花岗岩裂隙水、风化带水、第四纪孔隙水等为主，补给、径流、排泄条件均良好。

3）侵蚀作用

侵蚀作用指风力、流水、冰川、波浪等外力在运动状态下改变地面岩石及其风化物的过程，可分为机械剥蚀作用和化学剥蚀作用。其中，以流水的侵蚀作用为主，大陆面积约 90% 的地方都处于流水的侵蚀作用控制之下：降水冲蚀地表，沟谷和河流的流水使谷底和河床加宽、加深；坡面上的流水冲刷着整个坡面，使之趋于破碎，在流水侵蚀的作用下，形成千沟万壑的地表形态。

此外，流水对岩石还有溶蚀作用，地表水、地下水能溶解岩石中的可溶解性盐类，如碳酸钙、氯化钠等，形成天然溶液而随水流失，这个过程即为化学剥蚀作用。

4）搬运作用

搬运作用是指地表和近地表的岩屑和溶解质等风化物被外营力搬往他处的过程，是自然界塑造地球表面的重要作用之一。

外营力包括水流、波浪、潮汐流、海流、冰川、地下水、风和生物作用等。在搬运过程中，风化物的分选现象以风力搬运为最好，冰川搬运为最差。搬运方式主要有推移（滑动和滚动）、跃移、悬移和溶移等。不同营力有不同的搬运方式。

5）峡谷

峡谷是深度大于宽度、谷坡陡峻的谷地，一般发育在构造运动抬升和谷坡由坚硬岩石组成的地段。当地面隆起速度与下切作用协调时，易形成峡谷。峡谷可分为 V 型谷、U 型谷、箱型谷三种类型。其中，V 型谷由流水下切作用形成；U 型谷又称冰蚀谷，在山地区域，当冰川占据以前的河谷或山谷后，由于冰川对底床和谷壁不断进行拔蚀和磨蚀，同时两岸山坡岩石经寒冻风化作用而不断破碎，并崩落后退，使原来的谷地被改造成横剖面呈抛物线形状；箱型谷是由溶洞积水较多、较快，洞顶被全部溶蚀而向下崩塌形成的，其中可常见溶洞产物。

五皇山园区内峡谷纵向形态差异较大，上游的峡谷开阔，下游的峡谷较窄，分别属于前期河流侵蚀的残余河谷和现代河流正在侵蚀的河谷。

6）瀑布

瀑布在地质学上叫作跌水，即河水在流经断崖、凹陷等地区时垂直地从高空跌落。在河流的演变时段内，瀑布是一种暂时性的特征，最终会消失。侵蚀作用的速度取决于瀑布的高度、流量、有关岩石的类型与构造，以及其他一些因素。

瀑布成因的探讨：①内营力：由水平运动或垂直运动造成的断层或裂谷，为瀑布的形成提供了必要的条件，此时若有溪流或江河流经断层或裂谷，则可形成瀑布；火山爆发过程，熔岩的漫溢将河道阻塞，使原来的河床形成一个新生的岩坎，河水由岩坎上翻跌而下，则形成瀑布。②外营力：水流对河底软、硬岩基岩形成差异侵蚀，在两者出露处，硬岩层突露于易受侵蚀的软岩层之上成为陡崖，水流在此陡落形成瀑布。③河流袭夺：处于分水岭两侧的两条河流，其中侵蚀力较强、侵蚀较深的河流进行下切侵蚀，最终将另一侧河流的一部分袭夺过来，使之成为袭夺河流的支流。由于袭夺河的下切程度大，河床高于被袭夺河流的河床，因此，在被袭夺河流汇入袭夺河时，往往产生跌水，形成袭夺瀑布，或称悬河瀑布。④冰川作用：冰川切入山谷之中，使两侧形成悬崖峭壁，瀑布由此生成。

　　五皇山公园内部瀑布（图4-8）、潭、池，呈线状高密度集中分布于溪谷之中，瀑潭相伴而生，总体以小型瀑布（群）、池（群）为主，规模小却清幽多变。瀑面形态各异，以狭长三角形、叠状、梯级、波浪等形态为主，具有"瀑差小，形式多，密度高"的总特征。

图 4-8　五皇山瀑布

4.2　东兴怪石滩实习路线及要点

4.2.1　实习路线概况

　　防城港市坐落在中国大陆海岸线最西南端，是我国唯一的既沿边又沿海的城市

73

（图 4-9）。防城港市地处低纬度，属南亚热带季风气候，冬季气候暖和，夏季多雨高温，年均气温 21.8~22.5℃，年均降雨量 2823mm，年均降雨天数为 176 天，全市总面积 6181km²。防城港江山半岛位于东经 107°28′—108°36′，北纬 21°36′—24°00′，其三面临海，一面连接陆地（图 4-9），面积 208km²，是广西最大的半岛。全市有防城江、茅岭江、北仑河等 10 多条主要河流，均发源于十万大山，多数为东南流向，汇入北部湾。

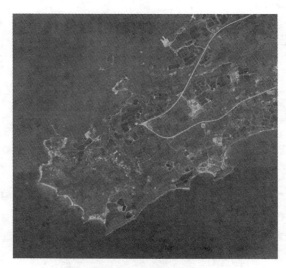

图 4-9　广西防城港市

广西北部湾地区的基岩海岸地层主要沉积于晚三叠世及早侏罗世。广西滨海海岸受构造控制明显，是在 NE 及 NW 两组构造方向的控制下发育起来的。在这两种构造线所成的 "X" 形断裂的影响下，岸线进一步破碎，湾内发育众多次一级、形似鹿角状的 "鹿角海湾"，这种海岸为典型微弱充填的曲折鹿角湾海岸。

怪石滩位于江山半岛尾部，是江山半岛旅游度假区的一个旅游景点，因其岩石呈褐红色，故又名 "海上赤壁"，岩层以侏罗纪砂岩为主，是经海水动力侵蚀风化后而形成的基岩海岸，也是广西沿海最独特、典型的海蚀地貌景观。海岸线长约 3km，开发利用率低，周边海域盛产鱼、蟹、螺、贝壳类等。怪石滩的东侧是白沙湾，约 1km 长的沙滩，砂粒白中带黄，颗粒粗细均匀，十分洁净，海水清澈透底。西侧为白龙珍珠港，盛产珍珠。

4.2.2　实习任务

（1）了解怪石滩基岩海岸地层的地质背景。

（2）识别基岩海岸中的各种海蚀地貌景观（图 4-10、图 4-11），如海蚀崖、海蚀平台、海蚀柱、海蚀洞穴等，并分析其形成过程。

图 4-10　怪石滩各种海蚀地貌（一）

（3）对地层中的褶皱构造地貌进行描述。

（4）在"怪石（红色砂岩）"中识别出平行层理、斜层理、交错层理。

（5）对"X"形节理进行描述，并分析该组节理对地貌的控制作用。

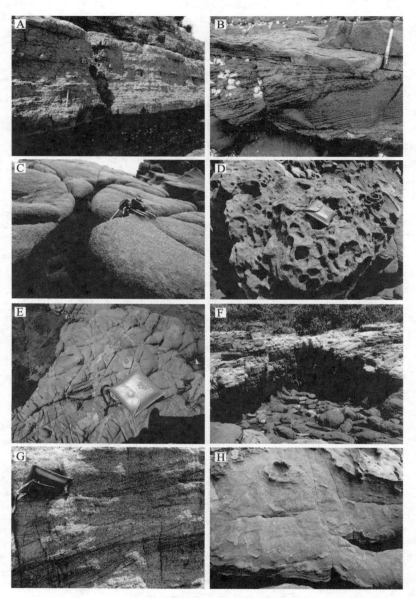

（A. 海蚀崖；B. 砂岩中的斜层理；C. 沿节理面风化；D. 砂岩中差异溶蚀形成的蜂窝状溶蚀穴；E. 两组节理发生风化；F. 海蚀穴；G. 砂岩中的交错层理；H. 沿层理方向发生风化）

图 4-11　怪石滩各种海蚀地貌（二）

4.2.3 观察点及内容

1. 基岩海岸

基岩海岸（Rocky Coastal）：由坚硬岩石组成的海岸称为基岩海岸，是海岸的主要类型之一。它轮廓分明，线条强劲，气势磅礴，不仅具有阳刚之美，而且具有变幻无穷的神韵。基岩海岸常有突出的海岬，在海岬之间，形成深入陆地的海湾。岬湾相间，绵延不绝，海岸线十分曲折。海岸的主要特点：岸线曲折且曲率大，岬角与海湾相间分布；岬角向海突出，海湾深入陆地。一般岬角以侵蚀为主，海湾内以堆积为主；由于波浪和海流的作用，岬角处侵蚀下来的物质和海底的物质被带到海湾内堆积。

2. 潮间带

潮间带，是指平均最高潮位和最低潮位间的海岸，也就是从海水涨至最高时所淹没的地方开始，至潮水退到最低时露出水面的范围。潮间带以上，海浪的水滴可以达到的海岸，称为潮上带。潮间带以下，向海延伸至约 30m 深的地带，称为亚潮带。

3. 海岸侵蚀地貌

海岸主要受海水动力因素侵蚀所产生的各种形态，又称海蚀地貌。它是海岸地貌的一大类别。塑造海岸侵蚀地貌的主要动力因素是波浪和潮流，但高纬度地带的海岸还受到冰冻的侵蚀作用，热带和亚热带的海岸则受到丰富的地表水侵蚀和强烈的化学风化作用。

4. 海蚀崖

海蚀崖，是基岩海岸的岸坡，由于受海蚀作用及重力崩落作用而沿断层面、节理面及层面形成的陡壁悬崖（严钦尚等，2006）。海蚀崖常沿岩石的断层面和节理面发育陡立崖壁，崖壁上分布高低、大小不一的海蚀洞穴等海蚀遗迹，部分岸段海蚀崖的颜色灰暗，属于脱离现代海水侵蚀的古海蚀崖，局部岸段的海蚀崖仍然受现代海水的作用。向海倾斜的岩层易引起崩滑，形成与层面一致的倾斜海崖。向陆倾斜的岩层，则可形成陡斜以至直立的海蚀崖，这种地貌看上去剑拔弩张，礁石险绝，行走其间比较艰难。图 4-10A 中的海蚀崖向陆倾斜度约 50°，高约 3m，绵延长度约 200m。

5. 海蚀柱

海蚀柱，是海蚀崖后退过程中，受海浪侵蚀、崩坍而形成的与岸分离的岩柱，图 4-10B 中的海蚀柱宽约 8m，高约 5m，穿过这一条约 1m 宽的"一线天"通道，可看到为数众多、千姿百怪的海蚀地貌和象形石。

6. 海蚀平台

海蚀平台，是在海浪作用下，海蚀崖不断发育、后退，在海蚀崖向海一侧的前缘岸坡上，便塑造出一片向海微倾斜的、近似平坦的基岩台地（图 4-10C）。怪石滩的海蚀平台不连续分布，有大部分岸段缺失，海蚀平台的颜色有暗灰色、赤色和褐红色等，面积约 200m²。其上常覆盖有沙、砾石等海积物或残留有坚硬岩石形成的海蚀残丘等。在海蚀平台上还发育很多浪蚀沟（图 4-10D）、锅穴（图 4-10E）、洼地等微地貌，以及由海蚀崖崩坠堆积成的锥形岩体和砂砾覆盖的波蚀残丘。这是海蚀作用通过冲刷、研磨和溶蚀作用使岸线遭到破坏，而长期的磨蚀作用将岸边岩石塑造成类似罗马城堡式的景观（图 4-10F）。在怪石滩岸边可以看到许多这种地貌，景象特别奇特，蔚为壮观（图 4-10G）。

7. 海蚀洞穴

海蚀洞穴，位于海蚀崖坡脚处，是海水巨大的冲击力对海岸附近的岩石进行冲蚀而成。因波浪对海岸的冲蚀作用主要集中在海面与陆地接触处，故海蚀穴沿海平面或在海蚀崖坡脚处呈断续分布。在较松软的岩石构成的海岸，发育不明显；在较坚硬的岩石构成的海岸，则发育良好。在水平节理及抗蚀较弱的岩层部位，海蚀洞穴非常发育，深度可达数十米。通常又把这些凹穴细分为海蚀洞或海蚀穴及浪蚀壁龛，其中深度大于宽度的称"海蚀穴"或"海蚀洞"；深度小于宽度的称"浪蚀壁龛"。

考察发现怪石滩海岸有一个较大的海蚀洞穴（图 4-10H），宽约 3m，高约 2.5m，深达数米。海蚀穴上部已长满了草丛灌木，下部发现有许多人类的生活垃圾。

8. 波切台

由于海蚀崖及其下部新的海蚀崖继续形成的这种反复作用，使海蚀崖不断向陆地方向节节后退，海岸带不断拓宽，结果海蚀崖底部至低潮浅之间形成一个向海洋方向微倾斜的平面。

基岩海底的剥蚀作用由于潮汐的涨落而受到一定的制约。在高潮线和低潮线位置上，由于涨、落处于转折期，海面停留时间相对较长，因此剥蚀作用最明显，出现海蚀凹槽。海蚀凹槽发育于高潮线附近，沿海岸线分布，长度较大，当发育到一定程度，深度大于高度，且深度大到凹槽顶部悬空的岩石失去支撑时，凹槽坍塌，海岸出现陡峻的岩壁——海蚀崖。

海蚀作用持续进行，海蚀崖底部出现新的海蚀凹槽。海蚀凹槽扩大又坍塌，出现新的海蚀崖，周而复始，海蚀崖节节后退，其前方出现微微向海倾斜的基岩平台——波切台。

9. 砾石滩和砂石滩

海滩是波浪及其派生的沿岸水流综合作用的产物。外海波浪传入近岸浅水区，受到海底的摩擦作用，波峰变陡、波谷变缓，水质点运动轨迹呈现往复流动，而且向岸进流速度通常大于离岸回流速度，导致底部泥沙净向岸搬运，并被激岸浪的上冲水流带至海滨线上堆积。在涌浪条件下，上冲水流的大部分水体渗透到滩面以下，只有小部分水体以回流的形式返回海中，这种被减弱的回返水流无法把上冲水流带至海滩的泥沙全部带回海中。于是，每一次涌浪都使泥沙在海滩发生堆积，形成涌浪剖面。在暴风浪作用时，一系列巨浪涌上海滩，滩面上的水体渗透作用几乎为零，涌上海滩的水体几乎全部以回流的方式返回海中，加上风暴增水，不仅滩肩被蚀，而且海蚀范围向陆地扩大，大量侵蚀物质被回流挟带至外滨沉积成水下沙坝，形成暴风浪剖面。由于波浪特性和波向的季节性变化，暴风浪和涌浪分别塑造相应的海滩剖面，形成了海滩季节性旋回。

10. 交错层理

交错层理通常也称为斜层理。它是由一系列斜交于层系界面的纹层组成，斜层系可以彼此重叠、交错、切割的方式组合。其特点是细层理大致规则地与层间的分隔面（主层理）呈斜交的关系，上部与主层理截交，下部与主层理相切。可以利用斜层理的倾向了解沉积物的来源方向。这种层理是由沉积介质（水流及风）的流动造成的。当介质具有一定流速时，底床上可以产生一系列的砂波，这种砂波顺流移动的结果，在陡坡加积作用一侧形成由一系列纹层组成的斜层系。斜层系互相平行或彼切割构成不同形态的交错层理。纹层倾向表示介质流动方向。交错层理根据层系与上下界面的形状和性质通常可以分为板状交错层理、楔状交错层理、槽状交错层理、其他流水型交错层理等。

11. 裂点

裂点又称溯源侵蚀，是下蚀作用的一种特殊形式，作用方向向河源延伸，这种河谷纵剖面上的坡度转折点称裂点。该过程的实质是，因斜坡下部的水量大于上部，故侵蚀作用强度也大于上部。在图 4-12 中的 a—b 剖面先出现了水蚀凹地，使河谷纵剖面坡度变陡，流速增大，下蚀作用更为剧烈，且主要集中于坡度最陡的凹地的上段，致使 a—b 点逐步移至 a'—b' 的位置，剖面 a—b 的位置也逐渐往上游移动。

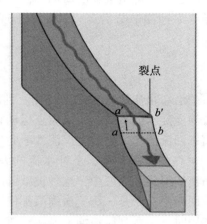

图 4-12　溯源侵蚀过程示意图

（引自 Adams S，Lambert D．Earth Science：An illustrated guide to science ［J］．New York NY，2006，10001：20．）

12. 海洋动力

海洋动力主要指海水运动过程中产生的潮汐能、波浪能、海流能及海水因温差和盐度差而引起的温差能与盐差能等。其特点为：①蕴藏量大，可再生。估计全球海水温差能可利用功率达 $1 \times 10^{10} kW$，潮汐能、波浪能、海流能及海水盐差能等可再生功率均为 $1 \times 10^9 kW$ 左右。②能流分布不均、密度低。大洋表面层与 500～1000m 深层间的较大温差仅 20℃ 左右，沿岸较大潮差 7～10m，近海较大潮流流速只有 4～7n mile/h。③能量多变，不稳定。其中海水温差能、海流能和盐差能的变化较慢，潮汐和潮流能呈短时周期规律变化，波浪能有显著的随机性。

13. 水动力强弱判断

海水机械搬运的方式有 3 种：①推移，粗大的碎屑沿海底滚动和滑动；②跃移，较粗的碎屑间歇地跳跃式移动；③悬移，细小碎屑悬浮在水中移动。这 3 种方式随水动力的强弱和碎屑粒径大小而变化。有时 3 种方式同时存在，有时推移和跃移并存，或者仅有悬移。对于沿岸海水动力条件最直观的判断就是海岸地貌的类型，也就是所谓的滨岸相。

滨岸相就是无障壁海岸带沉积环境，该沉积环境的海岸可分为砂砾质高能海岸和粉砂淤泥质低能海岸两种情况。其中砂砾质高能海岸具有水下地形坡度大，以波浪作用为主的特点，而粉砂淤泥质低能海岸具有地形平缓，潮汐作用为主的特点。其实造成两种海岸的原因就是地形的陡和缓，比较缓的水下地形，海浪会更早地与海底接触，这样波浪的能量就被消耗掉了，所以是以潮汐的作用为主。比如一般的黄金海岸，像山东日照的海岸就属于高能海岸，但东营的海岸就属于低能海岸，主要的区别就是沉积的是沙子，还是淤泥。

相比粉砂淤泥质低能环境，我们更关注的是砂砾质的高能海岸环境，但在介绍高能海岸环境的沉积相带之前，先说明海岸的水动力学特征：波浪受水深的影响可以分为三个区域，一个是水深大于 1/2 波长，一个是水深小于 1/2 波长，最后一个是水深小于波高。水深大于 1/2 波长时，波浪是碰不到海底的，也就是常说的浪基面以下，这时候波浪中水质点主要做圆圈运动，形态是来回震荡的，随着水深增大而减小；当水深小于 1/2 波长的时候，由于波浪与海底发生摩擦，波浪向岸的运动速度就会逐渐大于向海的运动速度，波浪就会发生变形，就会从对称的圆形变成向岸倾斜；当水深小于波高的时候，波浪就会破碎，形成所谓的碎浪或者冲浪。根据这些特征也能大体了解沉积物的移动状况，在水深大于 1/2 波长的区域，就是浪基面以下，沉积物受自身重力的影响主要是向海底进行运动的，而进入水深小于 1/2 波长区域，波浪开始发生倒转，沉积物开始有部分会向岸搬运，在水深小于波高时，沉积物主要是被波浪带到岸上来，是向岸搬运的。

4.3 十万大山实习路线及要点

4.3.1 实习路线概况

十万大山，东起广西壮族自治区钦州市贵台，西至中越边境，分布于钦州、防城港、上思和宁明等地。山脉呈东北—西南走向，长 100 多千米，宽 30~40km，总面积达 2600km² ，为广西最南的山脉。

桂西南山地范围，指横县县城以西、郁江和右江河谷以南，南达十万大山的南坡，西南至中越边界，西部至滇桂边界。包括德保、靖西、那坡、天等、大新、龙州、凭祥市、崇左等县的全部和田阳、百色、田东、平果、隆安、扶绥、邕宁、横县、上思、宁明等县的一部分，总面积 42033km² ，占广西总面积的 17.7%。

在构造上桂西南山地区属滇桂台向斜的西南部，和粤桂凹陷与桂中凹陷的西部。基底由前震旦系板溪群组成。加里东运动使本区下陷，沉积了泥盆系至二叠系的碳酸盐岩类。华力西运动使左江谷地进一步下陷，沉积为巨厚的三叠系砂页岩类。上述地层为本区地貌的发育基础，如：泥盆系至二叠系巨厚质纯的灰岩，为喀斯特（岩溶）地貌发育奠定了基础，而砂页岩地层则构成本区流水地貌的基础。中越运动，地台开始活化，在灰岩区造成断裂，在砂页岩区造成褶皱。燕山运动，地台活化加强，使本区大面积上升，仅断陷带仍属下沉，成为陆相湖盆沉积。第三纪末，地势不断抬升，高耸的大青山就是由那时喷出的流纹岩构成的，同时形成了多级剥蚀面及齐顶峰林。本区构造线多为西北—东南走向，如右江谷地、黑水河谷地等。仅在西南部属东北—西南走向，如左江谷地成北东走向。本区地貌以山地为主，山地面积 19339.5km²，占广西山地面积的 15.2 %，其中以喀斯特峰丛洼地面积最大，其次为砂页岩山地。

十万大山山脉轴部地层以三叠系陆相砂岩、泥岩和砾岩为主，北翼主要为侏罗系砂岩、砾岩，南翼主要为印支期花岗斑岩和花岗岩。喜马拉雅运动由于受到花岗岩侵入的影响，发生挠曲作用，形成重叠的单斜山。西北坡平缓，东南坡陡峭。山势雄伟，脊线明显，山坡有海拔 700m 及 500m 两级古夷平面，这是由新构造运动的间歇性上升形成的。

4.3.2　实习任务

（1）了解十万大山的构造地质背景。

（2）识别实习路线上的碳酸盐岩和砂岩并滴稀盐酸进行验证。

（3）对比十万大山的花岗岩和五皇山的花岗岩有什么结构上的区别？

（4）对山间河流的水动力进行判别。

（5）深刻体会裂点和溯源侵蚀的含义。

（6）对河流阶地进行识别和描述。

（7）在野外识别并描述河流沉积的二元结构。

4.3.3　观察点及内容

1. 形成机理

公园范围内中生代红色岩系沉积厚度大，分布广，第三纪以后褶皱因断裂作用上升，成为褶皱山脉，呈东北—西南向，山势为南高北低。

2. 河谷地貌

公园内河谷地貌比较发育，河流多发育在顺坡面并向北流，由于多列单斜地形的影响，河流多沿错动的断裂谷地及两单斜山地之间发育，河床曲折，急剧转弯与平直相间，多险滩。森林公园境内沟壑纵横，溪流交汇，从深山里出来的溪水，弯曲迂回，穿林过石，分合起落，形成众多的跌水（图 4-13）、瀑布、深潭，比如天女浴池。

图 4-13　跌水

3. 河流阶地

河流下切侵蚀，使原来的河谷底部超出一般洪水位之上，呈阶梯状分布在河谷谷坡上，这种地形称为河流阶地。公园的河流阶地是经过一个长期相对稳定的堆积作用，并在地壳垂直升降运动的影响下，经过河流下切侵蚀作用形成的。

4. 砂岩、页岩、砾岩

砂岩是一种沉积岩，绝大部分砂岩是由石英或长石组成的。页岩也是一种沉积岩，具有薄页状或薄片层状的节理，主要是由黏土沉积且经固结形成，其中混杂石英、长石的碎屑以及其他化学物质，抗风化能力弱，在地形上往往因侵蚀形成低山、谷地。砾岩是指由 30% 以上、直径大于 2mm 的颗粒碎屑组成的岩石。公园范围内地层出露较少，主要为三叠纪—侏罗纪砂岩（图 4-14）、页岩、砾岩（图 4-15）。

图 4-14　砂岩

图 4-15　砾岩

5. 断裂

公园范围内由于强烈的地质构造运动导致断裂（图 4-16）。断裂是指岩层受地应力作用后发生断错或裂开的现象，若其断裂面看得见摸得着，则为脆性断裂。据其发育的程度和两侧的岩层相对位错的情况把断裂分为三类。一类是劈理，是微细的断裂变动，无明显破坏岩石的连续性。第二类为节理，是岩层发生了裂开但两盘岩石没有发生明显的相对位移的断裂变动。若断裂两盘的岩石已发生了明显的相对位移，则称断层，是最重要的一类断裂。

（a）

（b）

图 4-16　断裂

6. 单面山（单斜山）

单面山指一边极斜、一边缓斜的山。通常其形成的原因是：原本倾斜排列的岩层，其上层岩石较硬，下层岩石较软，受到风化侵蚀作用之后，较软的岩层受到更多的侵蚀，形成较另一边更陡的斜坡，因而形成单面山，也叫作单斜山。公园范围内的山势南高北低，地势向北逐渐降低，出现数列单斜山地及丘陵面。

7. 花岗岩、花岗斑岩

花岗岩是一种岩浆在地表以下冷凝形成的火成岩，主要成分是长石和石英。花岗岩是由钾长石、石英、斜长石组成的酸性侵入岩，具有半自形粒状结构或似斑状结构、块状构造，常呈岩株、岩基产出。花岗斑岩属于酸性岩，有斑状结构和块状构造，主要矿物组成为钾长石、石英。公园内花岗岩为印支期、燕山期花岗岩，大地构造上位于扬子或湘桂中间地块与华夏板块的结合部位，因此有些花岗岩小岩体或大岩基的边缘为花岗斑岩。

8. 瀑布群形成原因

公园范围内瀑布群的形成与大块崩塌形成的滚石堆积、堵塞有关。一系列的瀑布和跌水，大多与强大的支沟泥石流堆积于河床上并局部改变了河床坡降造成局部落差有关。另外，强烈的构造运动作用也是其形成的一个原因。

9. 植物群落与水土流失

园内属北热带、南亚热带季风气候，雨热同期，分布完整的原始状态的亚热带雨林，而且植物种类繁多。园内植被为热带季雨林和季风带绿叶林，比如紫荆木。由于园内降雨充沛，光热资源充足，使植物生长期长，种类丰富，林木葱郁，有明显的垂直分带性。园内植被繁多，覆盖度高，对防治水土流失起到很好的天然作用。

4.4 通灵大峡谷实习路线及要点

4.4.1 实习路线概况

通灵大峡谷位于靖西市湖润镇新灵村，由念八峡、铜灵霞、古劳峡、新灵峡、新桥峡组成，全长约2800m，宽200m，深300m。

在岩溶区，常见河谷上游的水流从某一陡坎下的泉眼涌出，而河流下游又有一落水洞，河水沿落水洞流入地下，这种上下游封闭的谷地，称为盲谷。通灵大峡谷起初是喀斯特区无出口的盲谷。在燕山运动之前盲谷内林木密布，是罕见的生物多样性与环境保护得极佳之地，后来受几次大的地质运动影响，盲谷顶部陷落，形成了一个大天窗。高深的峡谷，清澈的溪流，绿色的植被，天然的地理优势使通灵大峡谷汇聚了众多奇观异景。

4.4.2 实习任务

（1）观察盲谷的形态并分析其形成过程。

（2）观察溶洞中的钟乳石、石笋、石柱、石帘等喀斯特地貌单元形态特征并分析其形成过程。

（3）掌握岩溶作用的特点，分析影响岩溶作用的各种因素。

（4）掌握岩溶水的分带性。

4.4.3 观察点及内容

1. 形成原理

岩溶区以石灰岩为主，石灰岩中的碳酸钙遇到溶有CO_2的水时就会变成可溶性的碳酸氢钙，溶有碳酸氢钙的水如果受热或遇压强突然变小时溶在水中的碳酸氢钙就会分解，重新变成碳酸钙沉积下来，释放 CO_2。在自然界中不断发生上述反应便形成了溶洞中的各种奇特壮观景观（图 4-17）。

2. 溶洞景观

溶洞顶部常见向下发育的钟乳石（图 4-18）、石幔或石帘；底部常见向上发育的石笋（图 4-19）。钟乳石和石笋连接起来形成石柱。溶洞由这些千姿百态、壮观奇异的景观构成。

图 4-17　溶洞概况

图 4-18　钟乳石

图 4-19　石笋与石帘

4.5　乐业天坑群实习路线及要点

4.5.1　实习路线概况

大石围天坑位于乐业县同乐镇刷把村，距县城 23km，属红水河南端的干热河谷地带，大石围天坑的海拔 1468m，深 613m，坑口东西走向宽 600m，南北走向宽 420m，容积约为 $6.7 \times 10^7 m^3$，单级天坑为世界第一，被誉为"世界天坑博物馆"。

广西乐业大石围天坑群独特的喀斯特地形地貌令其荣获世界地质公园、国际岩溶与洞穴探险科考基地、国家 AAAA 级景区、中国国家地质公园、中国国家森林公园、中国青少年科学考察探险基地、中国兰花之乡等七项殊荣。大石围天坑东、南、西三峰对峙，得天独厚的地势形成了天坑特有的"海底云"，还时常出现神秘佛光，令人叹为观止；在天坑最高的绝壁上有一幅天然完整、清晰可见的"中国地图"，而在地图下的天坑底部，生长着迄今为止世界上最大的地下原始森林，其 $9.6 \times 10^4 m^2$ 的面积的相关倍数正好是我国国土面积，这种巧合叫人感叹不已。

大石围天坑属典型的喀斯特漏斗奇观，集地下溶洞、地下原始森林、珍稀动物及地下暗河于一体的巨型天坑。在大石围天坑周边又有独特奇绝的白洞、神木、苏家坑、邓家坨、甲蒙、燕子、盖帽、黄獠、风岩、大坨、穿洞等几十个天坑（图4-20），形成了世界上独一无二的天坑群。

图 4-20　穿洞天坑落水洞景观

乐业天坑群共有 28 个天坑，全为塌陷型天坑，乐业天坑溶洞群的规模和类型囊括了世界各"天坑"之精华。大石围天坑是 28 个天坑中规模最大的天坑，绝壁高度、综合景观价值位居世界第一，对游客产生巨大的震撼力。大石围天坑作为举世罕见的地质遗迹，其体量巨大，有雄壮险峻的崩塌绝壁、坑底碎石陡坡和洞穴（图 4-21）、地下河等，在这些地貌景观上又叠加独特的森林景致，与天坑上空的蓝天白云或雾霭流云组成动静结合的动人景观。其雄伟壮丽的震撼力在全国自然旅游资源中名列首位。而在全球范围内也堪称绝品，与北美尼亚加拉瀑布、日本富士山等并驾齐驱，均属世界之最的自然旅游资源。

4.5.2　实习任务

（1）了解大石围天坑的基本地质背景。
（2）分析大石围天坑的形成过程。
（3）结合对天坑群的观察，总结形成天坑的必要条件。
（4）通过对马蜂洞的古河流剖面的分析，解释天坑的成因与地下河的关系。
（5）对天坑底部巨大砾石进行分析，解释其成因。

图 4-21　罗妹洞喀斯特地貌景观

4.5.3　观察点及内容

　　天坑的成因之一是由地下暗河长期侵蚀造成巨大地下空洞后引起地表大面积坍塌所致。二元结构是河流沉积物在垂直剖面上的结构。洪水期河流断面扩大，引起河漫滩洪水流速减小，洪水挟带的细粒泥沙，覆盖在河床沉积物上，形成下部为粗砂和砾石组成的河床沉积物，上部为细砂或黏土组成的河漫滩沉积物，构成下粗上细的沉积结构，叫"二元结构"（图 4-22）。

（a）　　　　　　　　　　　　　　　（b）

图 4-22　二元结构（1）

（c）   （d）

图 4-22 二元结构（2）

4.6 三娘湾实习路线及要点

4.6.1 实习路线概况

三娘湾位于广西壮族自治区钦州市犀牛脚镇南海北部湾沿岸，距离钦州市区
40km、钦州港 22km、南宁市 120km、北海市 91km、防城港市 61km、越南芒街
100km，整个三娘湾旅游区总面积 21km²。

4.6.2 实习任务

（1）观察三娘湾沿岸花岗岩的结构特征。
（2）观察花岗岩中捕虏体的形态特征，分析其成因。
（3）对比三娘湾的花岗岩与五皇山的花岗岩在结构特征上有何异同。
（4）观察三娘湾沉积物的分选特征。
（5）分析海岸地貌受到的海水侵蚀过程。
（6）观察三娘湾海岸地貌特征并描述各地貌单元。

4.6.3 观察点及内容

1. 海岸地貌堆积地貌

海岸带的沉积物在波浪、水流作用下，发生横向或者纵向运动，当沉积物运动受阻或波浪水流动力减弱时，即发生堆积，形成各种海积地貌。按海岸物质的组成及其形态，可分为沙砾质海岸、淤泥质海岸、三角洲海岸、生物海岸等地貌。

三娘湾属于沙砾质海岸地貌。

沙砾质海岸地貌发育于岬角、港湾相间的海岸，由被侵蚀的物质经沿岸海流输送堆积而成。波浪正交海岸传入时，水质点做向岸和离岸运动，但两者的距离不等，导致泥沙做向岸和离岸运动。这种横向的泥沙运动，形成近岸的泥沙堆积体，它们由松散的泥沙或砾石组成，构成了沙滩以及与岸线平行的沿岸沙堤、水下沙坝等一系列堆积地貌。

波浪斜向到达海岸时，沿岸流所产生的沿岸泥沙纵向输移，使海岸物质在波能较弱的岸段堆积，形成一端与岸相连、一端沿漂沙方向向海伸延的狭长堆积体，称为海岸沙嘴；若沙砾堆积体形成于岛屿与岛屿、岛屿与陆地之间的波影区内，使岛屿与陆地或岛屿与岛屿相连，称为连岛沙洲；在一些隐蔽的沙质海岸上，发育与岸平行或有一定交角的沙脊和凹槽相间的地形，构成脊槽型海滩。

2. 海岸地貌波浪作用

传入近岸的波浪，因水深变浅而变形，水质点向岸运动的速度大于离岸运动的速度，形成近岸流。近岸流作用产生水体向岸输移和底部泥沙向岸净输移。在波浪斜向逼近海岸时，破波带内则产生平行于海岸的沿岸波浪流。这样，由向岸的水体输移和由此产生的离岸流、沿岸波浪流、潮流构成了近岸流系。此流系海水的流动产生强烈的泥沙交换，形成一系列海岸堆积地貌。

波浪为塑造海岸地貌最积极、最活跃的动力因素。近岸波浪具有巨大的能量，据理论计算：1m 波高、8s 周期的波浪，每秒钟传递在绵延 1km 海岸上的能量为 8×10^6 J。在苏格兰东海岸曾记录到拍岸浪冲击在岩壁上的作用力，每平方厘米为 3kg 以上。

海浪冲击海岸，压缩岩石裂隙中的水和空气，海浪离开岩壁的瞬间，裂隙中水和空气又急剧膨胀，导致岩石粉碎，岩壁剥落。蚀落的岩屑在波浪卷带下，又撞击岩壁，磨蚀岸坡。海岸在海浪作用下不断地被侵蚀，发育着各种海蚀地貌。尤其具有较大波高和波陡的暴风浪，对海岸的破坏作用更显著。被海浪侵蚀的碎屑物质由沿岸流携带，输入波能较弱的岸段堆积，又塑造多种堆积地貌。

3. 海岸与海岸线

海岸线是海边水、陆的交界线。然而，由于潮汐、波浪、海流、地面径流，甚至气压变化等多种因素的影响，海面高度波动不定，所以实际上的水边线也是变化的。

海岸带：大陆和海洋之间经常存在一定宽度的、相互作用的过渡地带。

现代海岸带由海岸、潮间带与水下岸坡三部分组成（图4-23）。

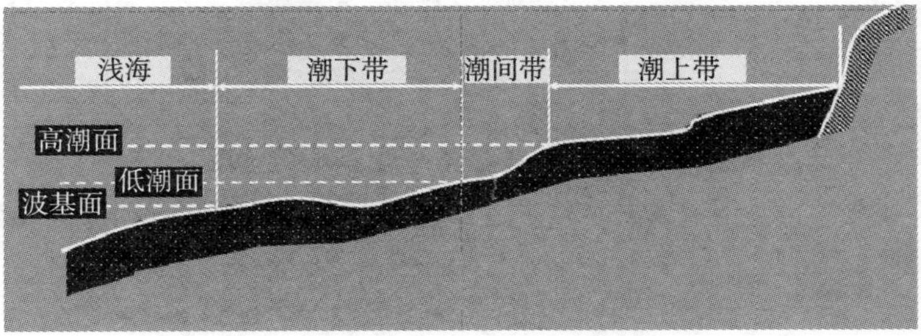

图 4-23 现代海岸带划分方案

4. 拍岸浪

当波浪由深水向浅水、向岸边传播时，由于水深变浅受到海底摩擦的强烈影响，使波形和波速发生显著变化：波动流速不对称，波形上半部通过时所需的时间短，波形下半部通过时所需的时间较长，故波浪前坡变陡，后坡变平，波长缩短，波高增大。

当波形的这种变化发展到极限时，即波峰部分（波浪的上半部）超越波谷部分（波浪的下半部）时，将导致波浪的倒卷和破碎，这种波浪叫作破碎波。在水深骤减的情况下，波浪一次破碎后即向海岸拍击。如水下岸坡坡度平缓，波浪破碎后又可形成新的波浪，继续向岸行进，并周期性破碎，最后全部能量都消耗到拍击海岸上，这种波浪称为拍岸浪。

5. 波浪及其波浪作用

海洋中的波浪是指海水质点以其原有平衡位置为中心，在垂直方向上做周期性圆周运动的现象。波浪包括波峰、波谷、波长、波高四个要素（图4-24）。

6. 波基面

波基面又称浪基面、波浪基准面或浪底，是波浪对海底地形产生作用的下界。1/2 波长看作波浪作用的下限，该深度即为波基面。

7. 中立线

水下岸坡上各个中立点的连线，称为中立线（图4-25），中立线上的颗粒仅做等距离的往返运移，且中立线大致与岸线平行，此线的上下两侧，颗粒分别向坡上和坡下运移，成为上下两个侵蚀带。因此，中立线其实是一个中立带。

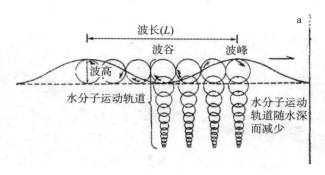

图 4-24 波浪的形态

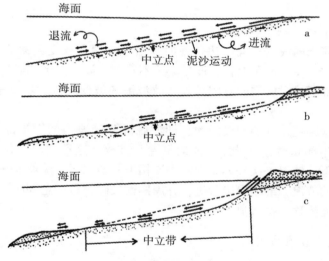

图 4-25 水下岸坡均衡剖面的塑造

（引自：王为，吴正．华南海岸沙丘岩形成与全新世环境变化的关系［J］．地理学报，2009，64（9）：1126-1133.）

8. 波浪分选作用

向岸的进流自破浪之后加速，能扰起越来越多、越来越粗粒的泥沙向岸上推，全过程是消耗通过波浪传递过来的能量。向海的退流自高位零速度借助于自身重力顺坡向下加速，最后其能量消耗于运动阻力。所以，进流能把岸坡上段的粗细泥沙推上岸去，而退流只能带回细颗粒泥沙，然后再在岸坡中段侵蚀，最终将泥沙携到水下岸坡沉积。

9. 波浪作用下海岸泥沙的纵向移动

当波浪运动的方向与海岸线斜交时，处于中立带上的泥沙将完全进行纵向移动；处在中立带以上的泥沙在发生向岸运动的同时，也进行纵向移动；处在中立带以下的泥沙在发生向海运动同时，进行纵向移动（图4-26）。与海岸带泥沙的纵向迁移有关的地貌类型有凹岸海滩、沙嘴、湾坝、潟湖、连岛坝等。

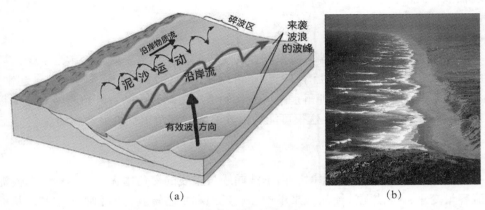

（a）　　　　　　　　　　　　（b）

图4-26　海岸线侵蚀特征

10. 波浪折射

当波浪传播进入浅水区时，如果波向线与等深线不垂直而成一偏角，则波向线将逐渐偏转，并趋向于与等深线和岸线垂直，这种现象称为波浪折射（图4-27）。

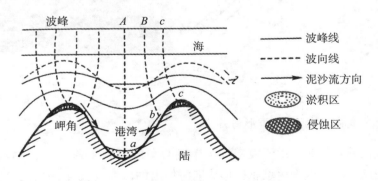

图4-27　波浪折射（岬角-港湾）

93

波浪传播方向的变化是因为波速随深度变浅而减小，位于较浅处一端的传播速度相应小于较深一端，这就导致波峰线的偏转。在水下地形和不规则的岸线导致等深线曲折的情况下，波浪折射可使某些段落波峰线拉长，也可使另一些段落波峰线缩短，波高也相应发生变化，从而波能出现辐聚和辐散现象，导致海岸的侵蚀与沉积作用发生。

如在凸出的岬角处波浪出现辐聚，能量集中，海岸受蚀；在凹入的海湾处波浪出现辐散，波能扩散，产生沉积。

11. 岬角

岬角，亦译沙嘴，是一端与海岸相连的狭窄的海滨地形。岬角经常形成于海岸方向急剧改变处，且常常横在湾口上，还可以从港口的每一个探头岬上发育起来。由沙和扁平的大砾石构成的岬角是由沉积物的沿岸运动形成的。岬角常带有一个很特殊的向后回弯的头（钩），这很可能是由波浪围绕岬角末端折射造成的。

12. 海岸线向海转折的凹形海岸

当岸线向海转折形成凹岸时，由于波向线与岸线的交角增大（$\alpha>45°$）而使泥沙流容量变小，可使泥沙流从原来不饱和或近饱和状态转变为饱和或过饱和，从而发生泥沙在凹岸的堆积，形成海湾顶部的海滩，也称湾顶滩（图 4-28）。

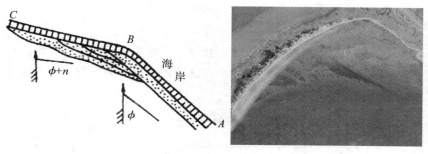

图 4-28　湾顶滩

13. 海岸线向陆转折的凸形海岸

当岸线向陆转折时，由于波向线与岸线的交角变小（$\alpha<45°$），泥沙流容量降低，部分泥沙在凸岸处发生堆积，形成向海伸出的沙嘴（图 4-29），其延伸方向与上游岸线走向一致或沿与新岸线等深线平行方向伸展。沙嘴若发生在湾口，则可以发展成拦湾坝。

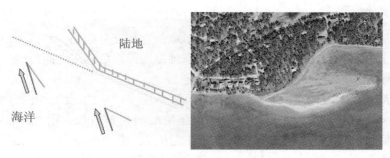

图 4-29 沙嘴

14. 海岸外侧有掩蔽而形成的堆积地貌

当外海波浪向海岸运动受到岛屿（堡岛）的阻挡作用下，波浪携带的泥沙因流速减缓而逐渐堆积在沿岸带，而沿岸带附近的泥沙或砾石在波浪及其水流的作用下，逐渐向海岸堆积，形成海岸堆积地貌（图4-30）。

图 4-30 当海岸由岛屿屏障时形成的堆积地形（科马基奥沿海的波河三角洲南部海岸）

15. 连岛沙坝

连岛沙坝又叫连岛沙洲，是连接岛屿与岛屿或连接岛屿与陆地的泥沙堆积体。通过连岛沙洲把岛屿与大陆连起来的岛屿，叫陆连岛。组成连岛沙洲的物质多是粗大砾石和粗砂，间有细砂和贝壳皮等。其形成原因是：由于岛屿前方受波浪能量辐聚导致冲蚀破坏；而岛屿后方是波影区，是波浪能量辐散的区域，波能所携带的泥沙逐渐在波影区形成堆积，再加之由岸上河流携入的泥沙，故形成的堆积体越来越大，并使两个岛屿或岛屿同陆地相连起来。

16. 海蚀地貌

由于海蚀崖及其下部新的海蚀崖继续形成的这种反复作用，使海蚀崖不断向陆地方向节节后退，海岸带不断拓宽，导致海蚀崖底部至低潮浅之间形成一个向海洋方向微倾斜的平面。

基岩海底的剥蚀作用由于潮汐作用海面涨落而受一定的制约。在高潮线和低潮线位置上，由于涨、落处于转折期，海面停留时间相对较长，因此剥蚀作用最明显，出现海蚀凹槽。海蚀凹槽发育于高潮线附近，沿海岸线分布，长度较大，当发育到一定程度，深度大于高度，且当深度大到凹槽顶部悬空的岩石失去支撑时，凹槽坍塌，海岸出现的陡峻岩壁即海蚀崖。

海蚀作用持续进行，海蚀崖底部出现新的海蚀凹槽。海蚀凹槽扩大又坍塌，出现新的海蚀崖。周而复始，海蚀崖节节后退，其前方出现微微向海倾斜的基岩平台波切台。

附录 1　常见矿物的主要特征

黄铁矿（FeS_2）

大多呈块状集合体，也有发育成立方体单晶者。立方体的晶面上常有平行的细条纹。颜色为浅黄铜色，条痕为绿黑色。金属光泽。硬度 6~6.5。性脆，断口参差状。相对密度 5。

黄铜矿（$CuFeS_2$）

常为致密块状或粒状集合体。颜色为铜黄色，条痕为绿黑色。金属光泽。硬度 3~4，小刀能刻破。性脆，相对密度 4.1~4.3。

黄铜矿以颜色较深且硬度小可与黄铁矿相区别。

方铅矿（PbS）

单晶常为立方体，通常成致密块状或粒状集合体。颜色铅灰，条痕为灰黑色。金属光泽。硬度 2~3。有三组解理，沿解理面易破裂成立方体。相对密度 7.4~7.6。

闪锌矿（ZnS）

常为致密块状或粒状集合体。颜色自浅黄到棕黑色不等（因含 Fe 量增高而变深），条痕为白色到褐色。光泽自松脂光泽到半金属光泽。透明至半透明。硬度 3.5~4。解理好。相对密度 3.9~4.1（随含铁量的增加而降低）。

石英（SiO_2）

常发育成单晶并形成晶簇，或成致密块状或粒状集合体。纯净的石英无色透明，称为水晶。石英因含杂质可呈各种色调。例如，含 Fe^{3+} 的石英呈紫色，称为紫水晶；含有细小分散的气态或液态物质而呈乳白色的石英，称为乳石英。

石英晶面为玻璃光泽，断口为油脂光泽，无解理。硬度 7。贝壳状断口。相对密度 2.65。

隐晶质的石英称为石髓（玉髓），常呈肾状、钟乳状及葡萄状等集合体。一般为浅灰色、淡黄色及乳白色，偶有红褐色及苹果绿色。微透明。具有多色环状条带的石髓称为玛瑙。

赤铁矿（Fe_2O_3）

常为致密块状、鳞片状、鲕状，颜色为暗红色，条痕呈樱红色。金属、半金属到土状光泽。不透明。硬度 5~6，土状者硬度低。无解理。相对密度 4.0~5.3。

磁铁矿（Fe_3O_4）

常为致密块状或粒状集合体，也常见八面体单晶。颜色为铁黑色，条痕为黑色。半金属光泽。不透明。硬度 5.5~6.5。无解理。相对密度 5。具强磁性。

褐铁矿

褐铁矿实际上不是一种矿物而是多种矿物的混合物，主要成分是含水的氢氧化铁（$Fe_2O_3 \cdot nH_2O$），并含有泥质及二氧化硅等。褐至褐黄色，条痕黄褐色。常呈土块状、葡萄状，硬度不一。

萤石（CaF_2）

常能形成块状、粒状集合体，或立方体及八面体单晶。颜色多样，有紫红色、蓝色、绿色和无色等。透明。玻璃光泽。硬度 4。解理好。易沿解理面破裂成八面体小块。相对密度 3.18。

方解石（$CaCO_3$）

常发育成单晶，或晶簇、粒状、块状、纤维状及钟乳状等集合体。纯净的方解石无色透明。因杂质渗入而常呈白、灰、黄、浅红（含 Co、Mn）、绿（含 Cu）、蓝（含 Cu）等色。玻璃光泽。硬度 3。解理好。易沿解理面分裂成为菱面体。相对密度 2.72。遇冷稀盐酸强烈起泡。

白云石（$CaMg[CO_3](OH)_2$）

单晶为菱面体，通常为块状或粒状集合体。一般为白色，因含 Fe 常呈褐色。玻璃光泽。硬度 3.5~4。解理好。相对密度 2.86，含 Fe 高者可达 2.9~3.1。

白云石以在冷稀盐酸中反应微弱及硬度稍大而与方解石相区别。

孔雀石（$Cu[CO_3](OH)_2$）

常为钟乳状、块状集合体，或呈皮壳附于其他矿物表面。深绿色或鲜绿色。条痕为淡绿色。晶面上为丝绢光泽或玻璃光泽。硬度 3.5~4.0。相对密度 3.5~4.0。

遇冷稀盐酸剧烈起泡。

孔雀石以其特有颜色而易与其他矿物相区别。

普通辉石（（Ca，Mg，Fe，Al）$_2$［（Si，Al）$_2$O$_6$］）

单晶体为短柱状，横切面呈近正八边形，集合体为粒状。绿黑色或黑色。玻璃光泽。硬度 5~6。有平行柱状的两组解理，交角为 56°。相对密度 3.02~3.45，且随着 Fe 含量增高而加大。

高岭石（Al$_4$［Si$_4$O$_{10}$］（OH）$_3$）

一般为土块或块状集合体。白色，常因含杂质而呈其他色调。土状者光泽暗淡，块状者具蜡状光泽。硬度 2。相对密度 2.61~2.68。具有可塑性。

白云母（Kal$_2$［AlSi$_3$O$_{10}$］（OH，F）$_2$）

单晶体为短柱状及板状，横切面常为六边形。集合体为鳞片状。其中晶体细微者称为绢云母。薄片为无色透明。具珍珠光泽。硬度 2.5~3.0。有平行片状方向的极好解理，易撕成薄片，具弹性。相对密度 2.77~2.88。

黑云母（K（Mg，Fe）$_3$［AlSi$_3$O$_{10}$］（OH，F）$_2$）

单晶体为短柱状、板状，横切面常为六边形，集合体为鳞片状。棕褐色或黑色，随含 Fe 量增高而变暗。其他光学性质同白云母相似。相对密度 2.7~3.3。

长石

长石包括三个基本类型。

钾长石（K［AlSi$_3$O$_8$］），钠长石（Na［AlSi$_3$O$_8$］），钙长石（Ca［Al$_2$Si$_2$O$_8$］），其中钾长石与钠长石常称为碱性长石；钠长石与钙长石常按不同比例混溶在一起，组成类质同象系列，统称为斜长石（包括钠长石、更长石、中长石、拉长石、培长石、钙长石）。

斜长石有许多共同的特征。如单晶体为板状或板条状。常为白色或灰白色。玻璃光泽。硬度 6~6.52。有两组解理，彼此近于正交。相对密度 2.61~2.75，且随钙长石成分增大而变大。

正长石是常见的钾长石的变种，单晶为柱状或板柱状，常为肉红色，有时具较浅的色调。玻璃光泽。硬度为 6。有两组方向相互垂直的解理。相对密度 2.54~2.57。

附录 2 常用岩石花纹符号

变质砾岩	鲕状灰岩	石英闪长岩
变质角砾岩	竹叶状灰岩	闪长岩
变质砂砾岩	生物碎屑灰岩	细晶岩
变质含砾砂岩	燧石条带白云岩	闪长玢岩
变质砂岩	大理岩	煌斑岩
变质粉砂岩	透闪石硅灰石 大理岩	辉绿岩
板岩	石英岩	砂砾
炭质板岩及煤层	石英云母片岩	角砾
含黄铁矿板岩	红柱石云母片岩	砂
硬绿泥石角岩	石榴子石云母片岩	亚砂土
红柱石角岩	黑云斜长片麻岩	亚黏土
千枚岩	角闪斜长片麻岩	黏土
红柱石千枚岩	斜长角闪岩	红土 赭土
石灰岩	角闪石岩	红色土
泥质灰岩	浅粒岩、变粒岩	黄土
泥灰岩	长英条带混合岩	人工堆积
白云质灰岩	混合岩	
白云岩	花岗岩	
豹皮状灰岩	花岗闪长岩	

附录3 北部湾地区地层表常见地质符号

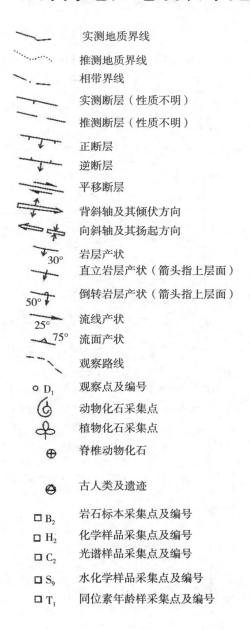

实测地质界线

推测地质界线

相带界线

实测断层（性质不明）

推测断层（性质不明）

正断层

逆断层

平移断层

背斜轴及其倾伏方向

向斜轴及其扬起方向

岩层产状

直立岩层产状（箭头指上层面）

倒转岩层产状（箭头指上层面）

流线产状

流面产状

观察路线

观察点及编号

动物化石采集点

植物化石采集点

脊椎动物化石

古人类及遗迹

岩石标本采集点及编号

化学样品采集点及编号

光谱样品采集点及编号

水化学样品采集点及编号

同位素年龄样采集点及编号